Pythonではじめる アルゴリズム入門

伝統的なアルゴリズムで学ぶ定石と計算量

増井 敏克 著

はじめに

インターネットにブログを書いていると、「検索結果で上位に表示されるアルゴリズム」を気にすることは当たり前になっています。医療業界でも「治療アルゴリズム」などの言葉が使われるようになりました。このように、IT業界に限らず、一般の人でも「アルゴリズム」という言葉を目にする機会が増えています。

そもそもアルゴリズムとは、「問題を解決するための手順や計算方法」を指す言葉です。「算法」と呼ばれることもありますが、答えを求めるときの手順を具体的かつ明確に示したものです。適切なアルゴリズムを使うことで、その手順にしたがって作業を行なえば誰でも同じ答えが得られます。

しかし、プログラミングの場合にはコンピュータを使って問題を解決する手順や、そのプログラムでの実装を指す言葉として使われます。そして、同じ答えが得られる複数の解法があったときに、効率よく処理する方法を探すためにアルゴリズムの考え方が求められています。コンピュータは大量の単純な計算を高速に処理できますが、その処理手順を少し変えるだけで処理時間を大幅に短縮できる場合があるのです。

そこで、本書ではよく知られている基本的なアルゴリズムを、最近よく使われているプログラミング言語「Python」で解説することにしました。Pythonでプログラミングを学んでいるけれど何から手をつけていいのかわからない、過去にアルゴリズムを学ぼうと思ったけれどPythonの資料が少なかった、基本情報技術者試験でPythonが取り入れられるので勉強したい、といった利用を想定しています。

また、プログラマとして仕事をしているけれどアルゴリズムについての知識が乏しい、便利なライブラリを普段使っているけれど内部でどんな処理をしているのか知りたい、という方にもおすすめです。

実務にアルゴリズムは必要か？

実務の現場では、すでに用意されているライブラリなどを使うため、教科書に掲載されているような基本的なアルゴリズムが直接使えることはほとんどありません。それでも基本的なアルゴリズムを学ぶ理由として、自分自身で実装することで、プログラミング言語に慣れるという意味もあります。

変数や配列、ループや条件分岐など、プログラミングの基礎となる要素が基本的なアルゴリズムには詰まっています。これらとあわせてデータ構造を学ぶことで、よりよい実装を学ぶことにつながります。

アルゴリズムはシンプルな問題でありながら、問題解決に必要なエッセンスが詰まっているのです。実際の業務でそのまま使うことはほとんどありませんが、アルゴリズムの考え方を知っているのと知らないのとでは、応用力が違います。

複数の実装を比べてみると、設計によって処理速度が大きく変わることを実感できます。そして、アルゴリズムの選択が重要だということを認識します。データ量が少ないうちは遅いアルゴリズムで問題なくても、データ量が増えたときに処理に時間がかかると、その重要性に気づくのです。このときに必要な「計算量」の考え方を理解する上でアルゴリズムの知識は必須です。

アルゴリズムの学び方

アルゴリズムを学ぶときは、よりよい方法がないか常に考える癖をつけましょう。「とりあえず動けば良いや」と考えるのではなく、どうすればもっとシンプルに実装できるのか、処理速度を上げられるのか、考える癖がつくと、単純にコピーして動かすだけではなくなります。

この本で学ぶときにも、ソースコードをコピーして貼り付け、動作することを確認する人もいるでしょう。それも１つの方法ですが、ぜひ自分の手で入力することをおすすめします。「写経」といわれることがありますが、プログラミングを学ぶには手で入力することが有効です。

丸写しであっても、とにかく手で入力して実行してみてください。入力ミスが発生し、うまく動かないこともあると思いますが、そのときに表示されるエラーメッセージを読み解くことがプログラミング上達への近道です。

また、手で入力することで、テキストエディタの使い方や、IDE（統合開発環境）が用意している入力支援機能についても理解できます。ぜひさまざまな環境を試して、比較してみましょう。

さらに、次のステップとして、書籍に掲載しているソースコードを見ずに、自分で１からプログラムを実装してみましょう。頭ではわかったつもりになっていても、１から作るのはなかなか大変な作業です。

自分で入力する、自分で考えるという癖をつけると、新たなプログラミング言語を学ぶときなど多くの場面で役に立ちます。アルゴリズムを学ぶときだけでなく、今後プログラミングを学ぶときもぜひ続けてみてください。

本書の構成

本書は6つの章と付録で構成されています。

第1章 プログラミング言語Pythonについて、その概要と文法、実行方法などについて解説しています。

第2章 いくつかの簡単なプログラムの作成を通して、フローチャートの扱いやPythonでの実装について解説しています。

第3章 計算量についての考え方に触れ、複数の実装の中から最適なアルゴリズムを選択することの大切さについて解説しています。

第4章 多くのデータの中から欲しいデータを見つける「探索」について、伝統的な方法を解説し、比較しています。

第5章 与えられたデータを高速で並べ替える「ソート」について、さまざまな方法を解説し、その速度や実装方法を比較しています。

第6章 実務でよく使われるアルゴリズムなどを紹介し、自分で実装する際にも役立つように考え方を解説しています。

付録A・B Pythonのインストール方法とともに、各章の最後にある練習問題の解答・解説を追加しています。

付属データのダウンロード

付属データ（本書のサンプルプログラムのソースコード）は、次のサイトからダウンロードできます。

https://www.shoeisha.co.jp/book/download/9784798163239

本書では、Pythonのインストールおよびサンプルプログラムの開発・実行にAnacondaを利用しています。Anacondaの詳細やインストール方法などについては、

「付録A　Pythonのインストール」を参照してください。

注意

※付属データに関する権利は著者および株式会社翔泳社が所有しています。許可なく配布したり、Webサイトに転載することはできません。

※付属データの提供は予告なく終了することがあります。あらかじめご了承ください。

免責事項

※データの提供にあたっては正確な記述につとめましたが、著者や出版社などのいずれも、その内容に対してなんらかの保証をするものではなく、内容やサンプルに基づくいかなる運用結果に関してもいっさいの責任を負いません。

※付属データで提供するファイルは、以下の環境で開発し動作を確認しています。

- Anaconda 2019.10
- Python 3.7

目次

はじめに ii
実務にアルゴリズムは必要か？ ii
アルゴリズムの学び方 iii
本書の構成 iv
付属データのダウンロード iv

第1章 Pythonの基本とデータ構造を知る 1

1.1 プログラミング言語の選択 2
目的によって言語を選ぼう 2
Pythonを選ぶ理由 3
変換方式の違いを知ろう 4

1.2 プログラミング言語Pythonの概要 7
Pythonの特徴 7
Pythonを実行する 8
対話モードでPythonを使う 9
スクリプトファイルへの保存 11
文字コードについての注意 12
コメント 12

1.3 四則演算と優先順位 14
Pythonにおける基本的な計算 14
小数の計算 15
データの型を調べる 17

1.4 変数と代入、リスト、タプル 18
変数 18
代入 19
リスト 20
タプル 22

1.5 文字と文字列 23
文字と文字列の操作 23
文字列の連結 24

1.6 条件分岐と繰り返し 25
条件分岐 25
長い行の記述方法 28
繰り返し 29
1.7 リスト内包表記 32
リストの生成 32
条件を指定したリストの生成 33
1.8 関数とクラス 34
関数の作成 34
値渡しと参照渡し 35
変数の有効範囲 37
オブジェクト指向とクラス 41
理解度Check！ 48

第2章 基本的なプログラムを作ってみる 49

2.1 フローチャートを描く 50
処理の流れを表現する 50
よく使われる記号を学ぶ 51
簡単なフローチャートを描く 51
2.2 FizzBuzzを実装する 53
採用試験によく使われる問題 53
3の倍数のときに「Fizz」を出力する 54
5の倍数のときに「Buzz」を出力する 55
3と5の両方の倍数の場合に「FizzBuzz」を出力する 56
2.3 自動販売機でお釣りを計算する 59
お釣りの枚数を最小にするには？ 59
お釣りの金額を計算する 60
リストとループでシンプルな実装に変える 64
不適切な入力に対応する 67
2.4 基数を変換する 70
10進数と2進数 70
10進数から2進数に変換する 72
2進数から10進数に変換する 74
2.5 素数を判定する 79
素数の求め方 79
素数か調べるプログラムを作成する 80
高速に素数を求める方法を考える 83

2.6 フィボナッチ数列を作る 86
フィボナッチ数列とは？ 86
フィボナッチ数列をプログラムで求める 88
メモ化によって処理を高速化する 90
理解度Check！ 92

第3章 計算量について学ぶ 93

3.1 計算コストと実行時間、時間計算量 94
良いアルゴリズムとは？ 94
処理時間の増え方をどうやって調べるか？ 95
アルゴリズムの性能を評価する計算量 96
FizzBuzzの計算量を調べる 97
掛け算の計算量を調べる 98
「体積を求める計算量」を調べる 100
計算量を比較する 102
最悪時間計算量と平均時間計算量 103
3.2 データ構造による計算量の違い 104
連結リストの考え方 104
連結リストでの挿入 105
連結リストでの削除 106
連結リストでの読み取り 107
リストと連結リストの使い分け 107
3.3 アルゴリズムの計算量と問題の計算量 108
計算量のクラスとは？ 108
指数関数時間のアルゴリズムとは？ 109
階乗の計算が必要なアルゴリズム 109
難しいP≠NP予想 111
理解度Check！ 112

第4章 いろいろな探索方法を学ぶ 113

4.1 線形探索 114
日常生活における探索を知る 114
プログラミングにおける探索とは？ 115
線形探索を行なう関数を定義する 117
4.2 二分探索 119
探索範囲を半分に分ける 119

データが増えたときの比較回数を考える 121

4.3 木構造での探索 124

階層構造のデータからの探索を考える 124

幅優先探索 124

深さ優先探索 125

幅優先探索を実装する 126

深さ優先探索を実装する 128

行きがけ順 128

帰りがけ順 129

通りがけ順 129

4.4 さまざまな例を実装する 132

迷路の探索（番兵） 132

幅優先探索で探す 133

単純な深さ優先探索で探す 135

右手法による深さ優先探索で探す 137

8クイーン問題 140

n-クイーン問題 144

ハノイの塔 145

フォルダにあるファイルを探す 148

深さ優先探索 150

幅優先探索 151

3目並べ 151

ミニマックス法による評価 154

理解度Check！ 162

第5章 データの並べ替えにかかる時間を比べる 163

5.1 身近な場面でも使われる「並べ替え」とは？ 164

並べ替えが求められる場面 164

ソートのアルゴリズムを学ぶ理由 165

5.2 選択ソート 166

小さいものを選ぶ 166

選択ソートの実装 167

選択ソートの計算量 169

5.3 挿入ソート 170

ソート済みのリストに追加する 170

後ろから移動する 171

挿入ソートの実装 172

挿入ソートの計算量 173

5.4 バブルソート 175
隣同士で交換する 175
バブルソートの実装 176
バブルソートの改良 177
5.5 ヒープソート 179
リストを効率よく使うデータ構造を知る 179
最後に入れたものから取り出すスタック 179
スタックを実装する 180
最初に入れたものから取り出すキュー 181
キューを実装する 182
木構造で表すヒープ 184
ヒープへの要素の追加 184
ヒープからの要素の削除 185
ヒープの構成にかかる時間 186
ヒープソートを実装する 186
汎用的な実装を作る 189
ライブラリを使う 191
5.6 マージソート 192
分割して統合する 192
マージソートの実装 193
マージソートの計算量 196
5.7 クイックソート 197
分割した内部で並べ替える 197
クイックソートの実装 198
クイックソートの計算量 201
5.8 処理速度を比較する 202
計算量での比較 202
実データでの比較 203
安定ソート 204
理解度Check！ 206

第6章 実務に役立つアルゴリズムを知る 207

6.1 最短経路問題とは？ 208
数値化したコストで考える 208
経路をすべて調べる 209
グラフで考える 210
6.2 ベルマン・フォード法 213

辺の重みに注目する 213
初期値として無限大を設定する 213
コストを更新する 214
プログラムでの実装 216
ベルマン・フォード法での注意点 218

6.3 ダイクストラ法 219

頂点に注目して最短経路を探す 219
Pythonで実装する 221
計算量を考え、高速化する 222
ヒープによる優先度付きキューを実装する 223
ダイクストラ法の注意点 228

6.4 A*アルゴリズム 229

無駄な経路をできるだけ探索しない 229
コストの推定値を考える 231
A*アルゴリズムの実装 232

6.5 文字列探索の力任せ法 235

索引のない文字列から探す 235
一致する位置を前から順に探す 235
力任せ法の実装 236

6.6 Boyer-Moore法 238

力任せ法の問題点 238
末尾から比較し、一気にずらす 239
処理時間の比較 241

6.7 逆ポーランド記法 242

演算子を前に置くポーランド記法 242
演算子を後ろに置く逆ポーランド記法 243

6.8 ユークリッドの互除法 246

最大公約数を効率よく求める 246
高度なアルゴリズムを学ぶ 248
理解度Check！ 249

付録A Pythonのインストール 251

A.1 Pythonの処理系を知る 252

A.2 AnacondaでPythonをインストールする 253

Windowsの場合 254
macOSやLinuxの場合 257

A.3 複数のバージョンのPythonを切り替える 259
A.4 パッケージのインストールと削除 261
A.5 インストールがエラーになった場合 262

付録B 理解度Check！の解答 263

第1章 264
第2章 265
第3章 266
第4章 266
第5章 268
第6章 269

索引 270

著者紹介 275

Memo 目次

複素数の計算 16
divmod関数 69
SymPyライブラリ 85
木構造 125
リストで扱う値 165

Column 目次

テキストエディタを使おう 13
リスト内包表記でのif〜else 33
モジュールとパッケージ 46
フローチャートは時代遅れか？ 52
ビット演算 77
平均を求める 118
人が使うのにも役立つ二分探索 123
スキップリスト 123
現実的には重要な枝刈り 161
連結リストでのソート 169
二分探索挿入ソート 174
連結リストによる挿入ソート 174
並列処理と並行処理 201
図書館ソート 205
経路の数を求める問題 210

Pythonの基本とデータ構造を知る

1.1 プログラミング言語の選択
1.2 プログラミング言語Pythonの概要
1.3 四則演算と優先順位
1.4 変数と代入、リスト、タプル
1.5 文字と文字列
1.6 条件分岐と繰り返し
1.7 リスト内包表記
1.8 関数とクラス

1.1 プログラミング言語の選択

- プログラミング言語は作りたいものにあわせて選ぶ。
- プログラミング言語の実行方式にはコンパイラとインタプリタの2種類がある。

アルゴリズムを学ぶためには、プログラミング言語に関する知識は必須です。この章では、プログラミング言語としてPythonを選択する理由と、Pythonの基本について解説します。

目的によって言語を選ぼう

コンピュータは人間が話す日本語や英語などの言葉を理解できません。このため、コンピュータが理解できる言葉で指示する必要があります。しかし、コンピュータが理解できるのは、次のような0と1だけの「機械語」と呼ばれる言語です。この機械語を人間が理解し、入力するのは大変です[※1]。

```
01010101 10001011 10000001 11101100 11100100 00000000 00000000
00000000 01010011 01010110 01010111 10001101 00011100 11111111
11111111 11111111 10111001 00111001 00000000 00000000 00000000
…
```

そこで、多くの「プログラミング言語」が作られてきました。ソフトウェアの開発者はプログラミング言語を学び、その文法にしたがって「ソースコード」というファイルを記述します。プログラミング言語で書かれたソースコードは、人間にとって機械語よりも少しわかりやすく、容易に機械語に変換できます。

※1　16進数を使って桁数を少なくすることはできますが、実質的に内容が変わるわけではありません。

ただし、それぞれの言語には得意・不得意な環境や業務があり、作りたいシステムやサービス、目的にあわせて、最適なプログラミング言語を選ばなければなりません（図1.1）。

図1.1　作りたいものにあわせてプログラミング言語を選ぶ

たとえば、スマートフォンのアプリを開発する場面を考えると、Androidアプリなら JavaやKotlin、iOSアプリならObjective-CやSwiftといったプログラミング言語が使われます。WindowsアプリならC#やVB.NET、Excel作業の自動化ならVBA、WebアプリケーションならPHPやPerl、JavaScriptなどが多く使われています。

Pythonを選ぶ理由

本書では「Python※2」というプログラミング言語を使って解説します。PythonはWebアプリケーションの開発に使われるだけでなく、統計などの処理に便利なライブラリが豊富で、データ分析にも多く使われています。

また、「Raspberry Pi」などの小型コンピュータでも標準搭載されており、IoT機器でセンサーを操作するような処理も容易に実装できます。

そして、忘れてはいけないのが最近の人工知能（AI）の研究・開発です。現在の機械学習は統計の考え方が中心になっていることもあり、多くの開発者が統計に強いPythonを使っています。書籍やWebサイトの記事など資料が簡単に得られる

※2　https://www.python.org

ことから、大人気になっているのです。実際、プログラミング言語の人気ランキングで有名なTIOBEの2019年12月時点のランキングでは表1.1のように第3位にランクインしています。

表1.1　TIOBEのランキング（TIOBE Index for December 2019）

順位	言語名	レート※3
1	Java	17.253%
2	C	16.086%
3	Python	10.308%
4	C++	6.196%
5	C#	4.801%
6	Visual Basic .NET	4.743%
7	JavaScript	2.090%
8	PHP	2.048%
9	SQL	1.843%
10	Swift	1.490%

https://www.tiobe.com/tiobe-index/

さらに、IPA（独立行政法人情報処理推進機構）が実施している国家試験の1つである「基本情報技術者試験」では、2020年度からCOBOLを廃止してPythonを採用しました。このように、Pythonが使われる場面が増えることが予想され、Pythonを学んでおくことは今後も役に立つでしょう。

変換方式の違いを知ろう

プログラミング言語は大きく「コンパイラ」と「インタプリタ」という2つの方式に分けられます。

コンパイラは、プログラミング言語に沿って書かれたソースコードを、処理の実行前に機械語のプログラムに変換してから実行する方法です。事前に機械語のプログラムに変換されているため、高速に処理を実行できることが特徴です（図1.2）。

※3　レート（割合）は、世界中のエンジニアの数、コース数、サードパーティーベンダーの数などによるもの。

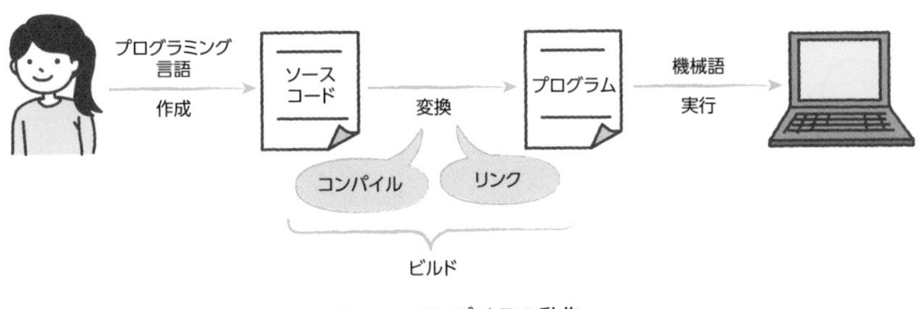

図1.2　コンパイラの動作

一方のインタプリタは、処理の実行時にソースコードを機械語に変換しながら実行する方式です。事前に変換が行なわれていないため、人間が作成したソースコードを、1行ずつ解釈しながら実行しているイメージです（図1.3）。

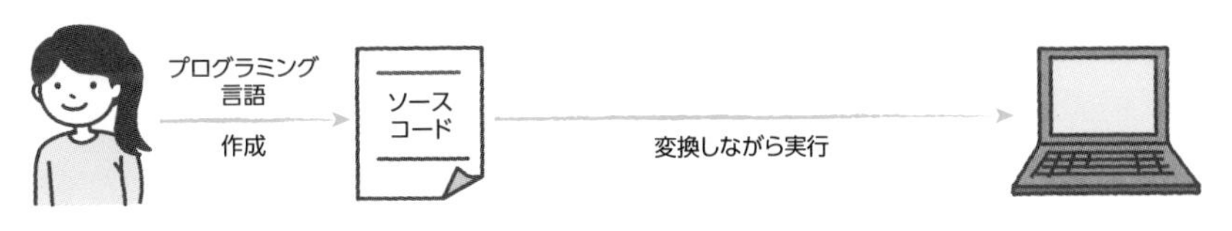

図1.3　インタプリタの動作

この違いは、よく「翻訳」と「通訳」に例えられます（図1.4）。英語の文章を事前に日本語に翻訳しておくと、英語がわからなくても日本語がわかればスムーズに読めます。ただし、英語の文章に変更が発生すると、専門家に翻訳をやり直してもらわなければなりません。

一方の通訳は、英語で話している人の横に翻訳者がいるイメージです。毎回変換するので変換の時間はかかりますが、英語の文章が変わってもすぐに対応できます。ただし、利用者の側に常に通訳がいる必要があります。

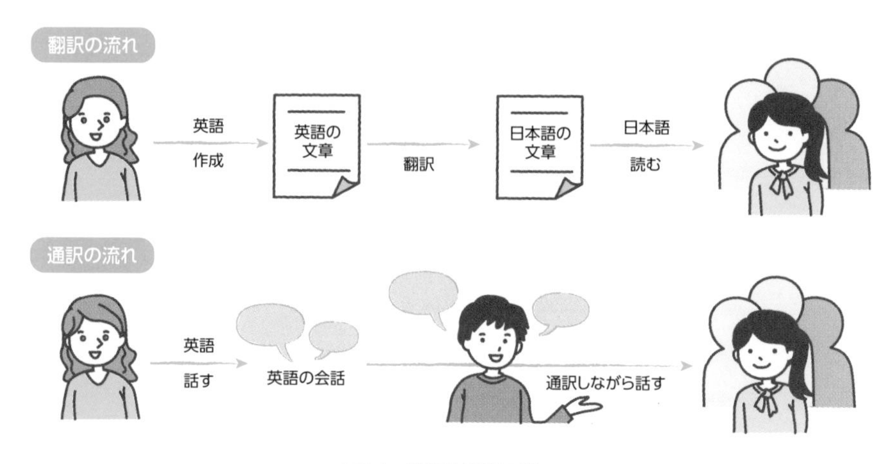

図1.4　**翻訳と通訳の違い**

コンパイラとインタプリタの違いも、これと同じことがいえます。

インタプリタは、ソースコードを書いてすぐに実行できるため、実行までの時間が短くなります。ただし、実行時に解釈しながら実行するため、実行にかかる時間は長くなる傾向があり、利用者の環境には変換するためのソフトウェアを導入する必要があります。

コンパイラは事前に変換する必要があるため、実行までの時間は長くなりますが、実行にかかる時間は短くなります。利用者の環境に特別なソフトウェアを用意する必要もありません。

整理すると、表1.2のようになります。

表1.2　**インタプリタとコンパイラの比較**

	メリット	デメリット
インタプリタ	○手軽に実行できる ○実行環境に依存せず配布できる	○処理速度が遅い ○実行時に実行環境が必要
コンパイラ	○処理速度が速い ○実行ファイルのみ配布すればよい	○実行するまでの手順が面倒 ○実行環境に合った実行ファイルが必要

1.2 プログラミング言語 Pythonの概要

- 現在はPython 3系が多く使われている。
- Pythonで処理を実行する方法には、「対話モード」と「スクリプトファイルで実行する方法」がある。

Pythonの特徴

Pythonは、インタプリタに分類されます。また、ちょっとしたプログラムを手軽に書く目的で使われる「スクリプト言語」に分類されることもあります。スクリプト言語は同じ処理を他の言語よりも簡潔に記述できるため、C言語やJavaなどの言語と比較して、ソースコードが短くなる特徴もあります。

Pythonは、1991年に開発が始まってから少しずつ改良が加えられ、バージョンアップしてきました。1994年にPython 1.0が公開された後、2000年にPython 2.0、2008年にPython 3.0が公開されています。現在は2.0の後継である2系と、3.0の後継である3系のバージョンが両方とも使われています。

最近は3系が使われる場面が増えていますが、まだまだ2系も多く使われている理由として、これらのバージョンの間に互換性がないことが挙げられます。他の言語では、前のバージョンと互換性があり、前のバージョンで作成されたソースコードを新たなバージョンでも実行できることが一般的です。

しかし、Pythonではこの2つのバージョンに互換性がありません（もちろん、2系の中、3系の中でのバージョンアップでは互換性が確保されています）。そのため、2系で作成された既存のソースコードが残っている場合、3系に移行できずに残っている企業は少なくありません。

Pythonは2系と3系を同時にインストールすることも可能なので、すでに2系がインストールされている場合も、アンインストールすることなく、3系をインストールできます。

2系のサポートは2020年1月1日までのため、もしこれまでにPythonを使ったことがない場合は、3系を使用すれば問題ないでしょう。古いシステムを引き継ぐ必要がある場合は、2系も勉強する必要があるかもしれません。

Pythonを実行する

Pythonは、公式サイトから必要なものだけをダウンロードしてインストールすることもできますし、「Anaconda」というディストリビューション（一括でインストールできるようにしたパッケージ）を使用することも可能です。

本書ではAnacondaを使って3系をインストールして使用します。インストール方法については、本書の付録Aで紹介しています→p.251。

LinuxやmacOSでPythonをインストールした後、Pythonのバージョンを確認するには、xtermやiterm、macOS標準の「ターミナル」などのCUIアプリケーションを使って次のコマンド（`python --version`）を入力し、Enterキーで実行します。先頭の「$」マークを入力する必要はありません。

実行結果　**バージョンの確認（Linux系OSやmacOS）**

```
$ python --version
Python 3.7.3    ←コマンドの実行結果
```

Windowsで「コマンドプロンプト（Anaconda Prompt）」や「PowerShell（Anaconda PowerShell Prompt）」を使って実行する場合は、「C:¥>」などに続けて次のように入力しEnterキーで実行します。

実行結果　**バージョンの確認（Windows）**

```
C:¥>python --version
Python 3.7.3    ←コマンドの実行結果
```

インストールしたバージョンの違いにより、表示されるメッセージの内容は変わりますが、上記のように「`Python x.x.x`」と表示されれば、インストールは成功しています（ここでインストールしたバージョンは3.7.3）。なお、Python 2系もインストールされている場合にPython 3系を実行するには「`python3 --version`」のように「`python`」の代わりに「`python3`」を指定してください。

インストールしたはずなのに、上記のようなメッセージが表示されない場合は、コンピュータを再起動し、環境変数の「PATH」にPythonの実行ファイルの場所が指定されているかなど、設定の確認を行なってください（Anacondaを使用している場合、OSのスタートメニューから［Anaconda Prompt］を選べば、PATHの指定などは不要です）。

以降では、Anaconda Promptでコマンドを実行しながら説明していきます。

対話モードでPythonを使う

Pythonには「対話モード」という実行方法があり、入力したソースコードを即時実行し、その結果を画面に表示できます。対話モードに入るには、コマンドラインに「python」とだけ入力して実行します。行頭に「>>>」という文字が表示されるので、これに続けて実行したい処理を入力します。

対話モードを使うと、次のような計算を簡単に実行できます。

実行結果　対話モードで計算（1 + 2 × 3）を実行

```
C:¥>python
>>> 1 + 2 * 3
7
>>>
```

複数の行にわたる処理を実装する場合は、ソースコードの途中で改行（Enterキー押下）すると、行頭に「...」という文字が表示されます。この場合は、前の行の続きであることを意味します。この行の入力を終えるには、「...」の後に何も入力せずに改行します。

Pythonの対話モードを終了する場合には「exit()」または「quit()」と入力します。

実行結果　途中で改行

```
>>> exit()
C:¥>python
>>> if True:
...     1 + 2 * 3
...
7
>>>
```

先頭には4文字の空白（スペース）を入れる

本書に登場するソースコードのうち、先頭が「**>>>**」や「**...**」で始まるものは、この対話モードを使って実行したものです。ぜひご自身で対話モードを起動し、ソースコードを入力しながら結果を確認してください。

なお、後述→p.26しますが、Pythonではインデント（字下げ）が重要な意味を持ちます。ここでは、先頭に4文字の空白（スペース）を入れていますが、2文字の空白やタブを用いる人もいます。うまく動かない場合は、空白を入れ忘れていないか、半角スペースを使っているか、確認してみてください。

Anacondaの場合、コマンドプロンプトを使わずに、付属するIDE（統合開発環境）であるSpyderを使用する方法もあります。Spyderを起動※4すると、図1.5の画面が表示されます。この画面を使って、右下のコンソール部分にソースコードを入力して試すのもよいでしょう。

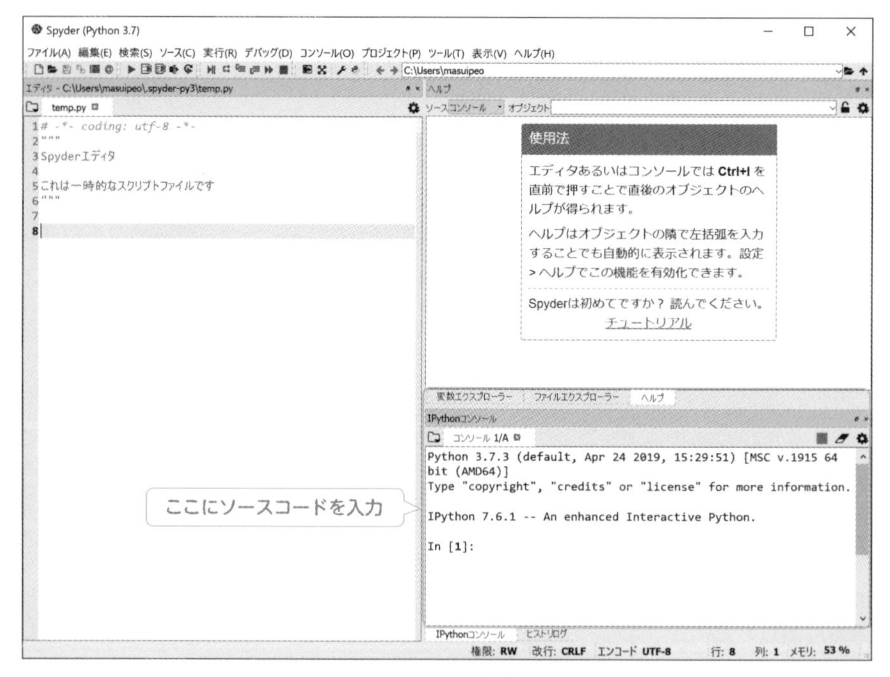

図1.5　**Spyderの起動後の画面**

※4　Windowsのスタートメニューから「Anaconda」の中にある「Spyder (Anaconda)」を選択。

スクリプトファイルへの保存

対話モードでは、一度実行した処理を後日再実行したい場合も、毎回ソースコードを入力する必要があります。しかし、Pythonを含め、多くのプログラミング言語では、対話モードよりもソースコードをファイルに保存して実行する方法がよく使われます。ソースコードをスクリプトファイルに記述して保存することで、同じ処理を何度も実行する場合も毎回入力することなく実行できます。

Pythonのスクリプトファイルは、「.py」という拡張子を付けて保存します。ファイルの作成・保存は、Windowsであればメモ帳などを使ってもかまいませんし、図1.5に示したSpyderの左側にあるエディタ部分を使う方法もあります。p.13で紹介するテキストエディタもぜひ使ってみてください。

実行時には、保存したスクリプトファイルのファイル名を指定します。たとえば、リスト1.1のソースコードを作成し、fibonacci.pyという名前を付けたファイルに保存したとします。

リスト1.1は、直前の2つの数を足した値を出力する処理を再帰的に繰り返し、「フィボナッチ数列」という数の並びを出力する内容です。詳しい内容は第2章で解説しますが、ここではファイルに保存したソースコードからの実行方法を覚えておきましょう。

リスト1.1　fibonacci.py

```
def fibonacci(n):
    if n == 0:
        return 1
    elif n == 1:
        return 1
    else:
        return fibonacci(n - 1) + fibonacci(n - 2)

for i in range(8):
    print(fibonacci(i))
```

このファイルを「C:¥source」に保存して実行する場合は、このディレクトリに移動し、「python」というコマンド名に続けてスクリプトファイル名を指定して実行すると結果を得られます[※5]。

※5　Anacondaであれば、Spyderのメニューから「実行」を選んで実行することも可能です。

実行結果　fibonacci.pyを実行

```
C:¥>cd source                          ←C:¥sourceへ移動
C:¥source>python fibonacci.py          ←fibonacci.pyを実行
1
1
2
3
5
8
13
21
C:¥>
```

文字コードについての注意

Pythonのソースコード中で日本語を使う場合、文字コードに注意しなければなりません。Python 3系であれば、文字コードは「UTF-8」を使います。エディタの設定で文字コードに「UTF-8」を指定して保存するようにしましょう。

ただし、何らかの事情でPython 2系を使う場合は、注意が必要です。文字コードに「UTF-8」を指定して保存するだけでなく、ソースコードの冒頭に次のような記述をしておかないと、思わぬエラーが発生するため、必ず書くようにしましょう。

```
# -*- coding:utf-8 -*-
```

または

```
# coding:utf-8
```

Python 3系の場合はいずれの指定も不要です。

コメント

上記の文字コードの指定でも使われていますが、行頭に「#」を書くと、その行の「#」以降の部分はコメントとして扱われ、Pythonのソースコードとしては無視されます。コメントを書いておくことで、作成者の意図が読む人に伝わりやすくなり、デバッグや保守が楽になります。

行頭に書くだけでなく、行の途中にも使うことができ、実行させたくないコードを一時的に無効化したいときにも簡単にコメントアウトできます（リスト1.2）。

リスト1.2　**コメントの利用（tax_rate = 0.1だけ実行される）**

先頭に#を書くと、その行全体がコメントになる

```
# 消費税を計算
# tax_rate = 0.08 # 消費税は8%なので税率を0.08とする
tax_rate = 0.1 # 消費税は10%なので税率を0.1とする
```

行の途中に#を書くと、その後ろがコメントになる

以降では、Pythonを使ったソースコードの書き方を詳しく見ていきましょう。

テキストエディタを使おう

ソースコードを作成するとき、メモ帳を使う方法もありますが、それなりの規模のプログラムを作成する場合にはテキストエディタを使うと便利です。古くから使われているテキストエディタとしてEmacsやvi（Vim）などもありますが、最近はVisual Studio CodeやAtomといったエディタが人気を集めています（図1.6）。

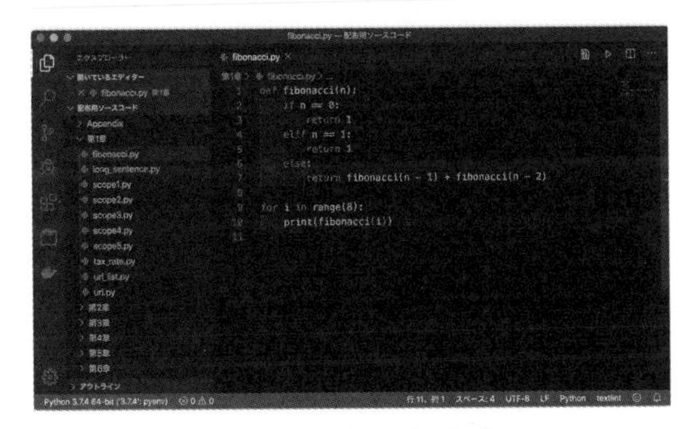

図1.6　**Visual Studio Code**

これらのエディタを使うと、便利なショートカットキーや入力支援機能が用意されていたり、ソースコードに色を付けてくれたりするため、開発効率の向上が期待できます。

また、複数のファイルをフォルダ単位で管理し、タブなどで切り替えて使うこともできるため、プログラミングだけでなく文章を書くときなどさまざまな業務で幅広く使えます。

1.3 四則演算と優先順位

- Pythonでは数学と同じように四則演算を書けるが、割り算や小数の計算には注意が必要である。
- Pythonでは複素数でも計算できる。
- Pythonには数値だけでなく文字列やリスト、集合、辞書などのデータ型も用意されている。

Pythonにおける基本的な計算

一般的な四則演算は、普段使う数学の記号を使って計算できます。演算の優先順位は数学の一般的なものと同じで、掛け算や割り算が、足し算や引き算よりも優先されます。ただし、掛け算は「*」を使います。

割り算については注意が必要で、Python 3系では「//」と「/」の2種類があります。「//」は割り算の商を整数で返すのに対し、「/」は割り算の結果を小数で返します。

実行結果　**四則演算の例**

```
C:¥>python
>>> +3              ←正の単項演算
3
>>> -3              ←負の単項演算
-3
>>> 2 + 3
5
>>> 5 - 2
3
>>> 3 * 4
12
>>> 13 // 2         ←13を2で割った商を整数で返す
6
>>> 13 / 2          ←13を2で割った商を小数で返す
6.5
>>>
```

また、割り算のあまりは「%」で、累乗は「**」を使って計算します。次の場合、11÷3のあまりを計算して2、2^3を計算して8となっています。

実行結果　**あまりと累乗**

```
C:¥>python
>>> 11 % 3        ←11を3で割ったあまり
2
>>> 2 ** 3        ←2の3乗
8
>>>
```

演算の優先順位を変更したい場合は、数学での書き方と同じように括弧を使います。ただし、複数の括弧でくくる場合も、すべて「(」と「)」を使います。

実行結果　**演算の優先順位の変更**

```
C:¥>python
>>> (2 + 3) * 4
20
>>> (2 + 3) * (1 + 2)
15
>>>
```

小数の計算

コンピュータは、「計算機」と訳されるように、計算が得意な機械です。上記のような整数だけでなく、小数なども扱えます。ただし、2進数で処理されるため、その精度を理解しておくことは大切です。

整数の場合、10進数の値を2進数に変換すると、その2進数から10進数に戻したときには元の値と完全に一致します。しかし、小数の場合、循環小数になる可能性があり、コンピュータでは取り扱える桁数に上限があることから、2進数から10進数に戻すと完全には一致しない場合があります。

たとえば、10進数の「0.5」を2進数に変換すると「0.1」となります。この場合は、2進数の「0.1」を10進数に戻した場合、元の値と同じ「0.5」が得られます。しかし、10進数の「0.1」を2進数に変換すると、「0.0001100110011…」というように循環小数になります。循環小数は無限に続くため、扱える桁数で区切るため、10進数に戻すと元の値とは異なる値になってしまいます。このため、小数の掛け算を行なうと、処理する値によって次のように想定している結果と異なる可能性があります。

実行結果　**小数の掛け算**

```
C:¥>python
>>> 2.5 * 1.2
3.0
>>> 2.3 * 3.4
7.819999999999999
>>>
```

また、整数と小数の計算など、異なる形式のデータについて演算を行なうと、より制限の少ない形式に変換されます。たとえば、整数と小数の場合は、演算の結果も小数になります。

実行結果　**異なる形式の演算（整数と小数の演算例）**

```
C:¥>python
>>> 3 + 1.0      ←整数と小数の足し算
4.0
>>> 2.0 + 3      ←小数と整数の足し算
5.0
>>> 2 * 3.0      ←整数と小数の掛け算
6.0
>>> 3.0 * 4      ←小数と整数の掛け算
12.0
>>>
```

Memo **複素数の計算**

Pythonには複素数を簡単に扱えるという特徴があります。複素数を数学で扱う場合は3+4iのように虚数を「i」で表現しますが、Pythonでは「j」を使います。

実行結果　**複素数の演算**

```
C:¥>python
>>> 1.2 + 3.4j
(1.2+3.4j)
>>> (1.2 + 3.4j) * 2
(2.4+6.8j)
>>> 1.2 + 3.4j + 2.3 + 4.5j
(3.5+7.9j)
>>> (1 + 2j) * (1 - 2j)
(5+0j)
>>>
```

データの型を調べる

多くのプログラミング言語では、整数と小数、複素数などを扱う場合には内部で「型(データ型)」という種類で分類します。Pythonでは、表1.3のようなデータ型が用意されています。それぞれのデータ型については、順次解説します。

表1.3　Pythonのデータ型の例

分類	データ型	内容	例
数値型	int	整数	3
	float	小数	3.5
	complex	複素数	2+3j
シーケンス型	list	リスト	[1, 2, 3]
	tuple	タプル	(1, 2, 3)
	range	範囲	range(10)
論理型	bool	真偽	True, False
テキストシーケンス型	str	文字列	'abc'
バイトシーケンス型	byte	ASCII文字列	b'abc'
集合型	set	集合	{'one', 'two'}
辞書型	dict	辞書（連想配列）	{'one': 1, 'two': 2, 'three': 3}
クラス	class	クラス	Math

データ型を調べるには、「type」に続けて調べたい値を指定します。

実行結果　データ型を調べる

```
C:¥>python
>>> type(3)
<class 'int'>              ←3は整数なのでint型
>>> type(3.5)
<class 'float'>            ←3.5は小数なのでfloat型
>>> type(2 + 3j)
<class 'complex'>          ←2+3jは複素数なのでcomplex型
>>> type('abc')
<class 'str'>              ←'abc'は文字列なのでstr型
>>>
```

1.4 変数と代入、リスト、タプル

- 変数に値を代入することで、計算結果などを再利用できる。
- リストやタプルを使うことで、複数のデータをまとめて扱える。

変数

一度使った値を一時的に保存しておくには、「変数」を使います。変数は値を入れておける入れ物のようなもので、変数に計算結果などを格納しておくと、必要になったときにその値を再利用できます。変数には、アルファベットと数字、アンダースコア（アンダーバー）を使って名前（変数名）を付けます。

変数名として使えるのは、1文字目はアルファベットかアンダースコア(_)、2文字目以降はアルファベット、数字、アンダースコアを使用する必要があります。なお、変数名の長さに制限はなく、大文字と小文字は区別されます。

ただし、Pythonで用意されている予約語（`if`や`for`、`return`など）を変数名として使うことはできません。さらに、アンダースコアで始まる名前には、後述するように特別な意味が与えられているので、必要な場合を除いては使わないようにしましょう。

たとえば、変数名として使える名前と使えない名前には、表1.4のような例が挙げられます。

表1.4　Pythonで使える変数名と使えない変数名の例

使える名前の例	使えない名前の例
X	if
variable	for
tax_rate	8percent
Python3	10times

誰が書いたソースコードでも読みやすく、保守しやすいように書くために、組織や製品の中で統一したルールとして「コーディング規約（スタイルガイド）」が定められることがあります。Pythonではコーディング規約として「PEP-8※6」が有名です。

PEP-8では変数名として小文字だけを使い、複数の単語を使う場合には区切りとしてアンダースコア(_)を使うように定められています。なお、単独でアンダースコアだけを変数名に使った場合は、その変数を後の処理で使わないから無視してよい、といった特殊な意味があります。

代入

変数名に続けて「=」と値を指定することで、変数に値を格納できます。このことを「代入」といい、代入を使うと次のような処理が可能です

実行結果　**代入の例**

```
C:¥>python
>>> x = 10              ←変数「x」に10を代入する
>>> x                   ←変数「x」の内容を確認する
10
>>> y = 2 * 3 + 4 * 5        ←変数「y」に「2×3+4×5」の結果を代入する
>>> y                        ←変数「y」の内容を確認する
26
>>> x + y           ←変数「x」の内容と変数「y」の内容を加算する
36
>>>
```

変数に値を代入しておくと、その変数名を指定することで変数の内容を読み出せます。対話モードでは、変数名だけを指定することで、その変数に格納されている値を表示できます。

Pythonで変数に値を代入する場合には、変数に対して事前にデータ型を指定しておく必要はなく、代入される値に応じて変数のサイズなどを自動的に計算して処理してくれます。

なお、代入とあわせて演算を行なうこともでき、演算した結果を代入できます。たとえば、四則演算などの記号（演算子）と「=」を並べると、次のような結果が得られます。

※6　https://www.python.org/dev/peps/pep-0008/

実行結果　**代入にあわせて演算**

```
C:¥>python
>>> a = 3
>>> a += 2          ←a = a + 2と同じ
>>> a
5
>>> a -= 1          ←a = a - 1と同じ
>>> a
4
>>> a *= 3          ←a = a * 3と同じ
>>> a
12
>>> a //= 2         ←a = a // 2と同じ
>>> a
6
>>> a **= 2         ←a = a ** 2と同じ
>>> a
36
>>>
```

リスト

Pythonでは単一の値だけでなく、複数の値をまとめて扱うこともできます。1つの方法がリスト（図1.7）です。リストに含まれる個々のデータを「要素」といい、特定の要素は先頭からの位置を指定してアクセスします。

ここでは、「3」「1」「4」「2」「5」という5つの値を格納したリストにaという名前をつけています。各要素にアクセスするときは、`a[0]`, `a[1]`, …のように0番から順に指定します。

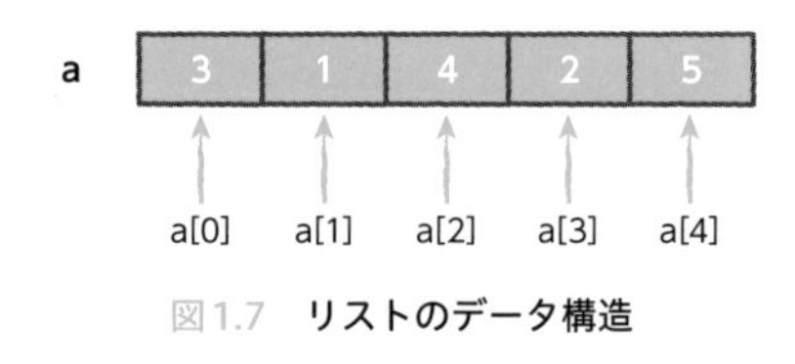

図1.7　**リストのデータ構造**

先頭が0番になるため、`a[3]`では先頭から4番目の要素を指定していることに注意が必要です。このように、欲しい要素の番号から1を引いた数を指定します。また、要素の番号としてマイナスの値を指定すると、後ろの要素から逆にアクセスできます。たとえば、要素番号として-1を指定すると最後の要素、-2を指定すると最後から2番目の要素にアクセスできます。

なお、リストに格納できるデータの型に制約はなく、異なる型の要素でも同じリストに格納できます[※7]。

実行結果 **リストの作成と要素の取得**

```
C:¥>python
>>> a = [3, 1, 4, 2, 5]  ←リストを作成し、変数「a」に代入する
>>> a[0]                 ←リストの先頭の要素を取得する
3
>>> a[3]                 ←リストの4番目の要素を取得する
2
>>> a[-1]                ←リストの最後の要素を取得する
5
>>> b = [1, 2.0, 3 + 4j , 'abc', [-1, 1]]  ←型の異なる要素で構成されるリスト
>>> b                                         を作成し、変数「b」に代入する
[1, 2.0, (3+4j), 'abc', [-1, 1]]
>>>
```

リストの範囲を「:」で区切って指定することで、連続する要素をまとめて取得することもできます(「:」の後で指定した位置は含まないことに注意)。たとえば、要素番号として1:3という範囲を指定すると、2番目から3番目の要素にアクセスできます。

実行結果 **リストから連続する要素を取得**

```
C:¥>python
>>> a = [3, 1, 4, 2, 5]  ←リストを作成し、変数「a」に代入する
>>> a[1:3]          ←2番目から3番目の要素を取得
[1, 4]
>>> a[2:]           ←3番目以降の要素を取得
[4, 2, 5]
>>> a[:3]           ←3番目までの要素を取得
[3, 1, 4]
>>> a[:-3]          ←後ろから4番目までの要素を取得
[3, 1]
>>>
```

※7 Pythonには同じ型の要素しか格納できない「配列」と呼ばれるデータ構造(標準ライブラリのarrayモジュール)もありますが、あまり使われないため、ここでは取り上げません。

タプル

「リスト」と似たデータ構造として「タプル」を使うこともできます。リストは「[」と「]」で要素を囲いますが、タプルでは「(」と「)」で要素を囲います。

実行結果　リストとタプル

```
C:¥>python
>>> list_data = [1, 2, 3, 4, 5]     ←リスト
>>> tuple_data = (1, 2, 3, 4, 5)    ←タプル
>>> type(list_data)
<class 'list'>
>>> type(tuple_data)
<class 'tuple'>
>>>
```

リストとタプルは見た目が似ていますが、微妙な違いがあります。たとえば、リストには要素を追加できますが、タプルは一度作成すると要素を追加できません。もちろん、タプルの要素を削除することもできませんし、要素の変更もできません。タプルの要素を変更しようとすると、次のようにエラーが発生します。

実行結果　リストは書き換え可能、タプルは書き換え不可

```
C:¥>python
>>> list_data = [1, 2, 3, 4, 5]
>>> list_data[2] = 10           ←リストの場合は書き換え可能
>>> list_data
[1, 2, 10, 4, 5]
>>> tuple_data = (1, 2, 3, 4, 5)
>>> tuple_data[2] = 10          ←タプルの場合はエラーが発生
Traceback (most recent call last):
  File "<stdin>", line 1, in <module>
TypeError: 'tuple' object does not support item assignment
>>>
```

タプルを使うと処理がリストよりも若干高速であるだけでなく、間違ってデータを書き換えてしまう心配がありません。場面によって使い分けるようにしましょう。なお、本書ではすべてリストを使ってソースコードを作成しています。

1.5 文字と文字列

- Pythonでは文字と文字列は同じように扱う。
- リストと同じように指定して、文字列の一部を取り出せる。
- 複数の文字列を連結して、新たな文字列を生成できる。

文字と文字列の操作

プログラムの内容によっては、前節のような数字だけでなく、文字や文字列（文字の並び）を処理する必要があります。Pythonでは「'」や「"」で囲った部分が文字、文字列として処理されます（文字と文字列を異なるものとして扱う言語もありますが、Pythonでは同じものとして扱います）。

文字列の範囲を指定して、リストのようにその一部を取り出すことができます。

実行結果　文字列の取得

```
C:¥>python
>>> 'abcdefg'          ←シングルクォートで文字列
'abcdefg'
>>> "abcdefg"          ←ダブルクォートでも文字列
'abcdefg'
>>> 'abcdefg'[2]       ←3番目の文字を取り出し
'c'
>>> 'abcdefg'[2:5]     ←3番目から5番目の文字列を取り出し
'cde'
>>> 'abcdefg'[-3]      ←後ろから3番目の文字を取り出し
'e'
>>> 'abcdefg'[2:]      ←3番目以降の文字列を取り出し
'cdefg'
>>> 'abcdefg'[:5]      ←先頭から5番目までの文字列を取り出し
'abcde'
>>>
```

文字列の連結

　また、「+」演算を行なうことで、複数の文字列を連結して新たな文字列を生成できます。

実行結果　文字列の連結

```
C:¥>python
>>> "abc" + "def"
'abcdef'
>>> 'abc' + 'def'
'abcdef'
>>>
```

　なお、文字列と数値などデータ型が異なるものに対し「+」演算を行なうと、次のようにエラーとなります。

実行結果　データ型が異なるものに対する「+」演算

```
C:¥>python
>>> 'abc' + 123        ←文字列と数値を足し算
Traceback (most recent call last):
  File "<stdin>", line 1, in <module>
TypeError: must be str, not int
>>> 123 + 'abc'        ←数値と文字列を足し算
Traceback (most recent call last):
  File "<stdin>", line 1, in <module>
TypeError: unsupported operand type(s) for +: 'int' and 'str'
>>>
```

　もし文字列と数値を結合して文字列にしたい場合は、型変換を行なうか、文字列に埋め込む方法などがあります。

実行結果　データ型が異なるものに対する「+」演算

```
C:¥>python
>>> 'abc' + str(123)       ←文字列と数値を足し算
'abc123'
>>> str(123) + 'abc'       ←数値と文字列を足し算
'123abc'
>>> 'abc%i' % 123          ←文字列の中に数値を埋め込む
'abc123'
>>>
```

1.6 条件分岐と繰り返し

- ✔ 条件を満たすかどうかで処理を分岐したい場合には、ifを使う。
- ✔ 同じ処理を繰り返す場合には、forやwhileを使う。
- ✔ インデント（字下げ）によってブロックの範囲を指定する。

条件分岐

Pythonだけでなく、ほとんどのプログラミング言語ではソースコードを上から順に読み、処理を実行します。ただし、条件を満たした場合に処理を振り分けたい場合があります。

この場合、「`if`」に続けて条件を指定し、条件を満たしたときだけ実行したい処理をその後に記述します。条件を満たさないときだけ処理を実行したい場合は「`else`」を使って、続く行に処理を記述します。これにより、どちらか一方の処理だけが実行されます。なお、条件の最後には「`:`」を書きます。

```
if 条件式:
␣␣␣␣条件を満たしたときに実行したい処理
else:
␣␣␣␣条件を満たさなかったときに実行したい処理
```

次の場合、変数`a`には3がセットされており、`a == 3`という条件を満たすため、「`a is 3`」という結果が出力されます。また、`else`で指定したブロックは実行されません。ここで、「`=`」が2つ続いていることに注意してください。「`=`」が1つだと代入ですが、等しいことを調べるには「`=`」を2つ並べます。

実行結果　ifとelseによる条件分岐

```
C:¥>python
>>> a = 3
>>> if a == 3: 'a is 3'       ←「a == 3」の条件を満たすときの処理
... else: 'a is not 3'        ←「a == 3」の条件を満たさないときの処理
...
a is 3
>>>
```

ただし、一般的には上記のような書き方はしません。分岐する範囲には複数の処理を並べる可能性があるため、多くの言語では条件の後に「{」「}」などの記号を使って分岐する範囲（ブロック）を明示します。

Pythonではこのような記号を使わず、「インデント（字下げ）」によってブロックを指定します。つまり、条件分岐の中で複数の処理を指定する場合は、インデントした部分がそのブロックになります。

インデントにはタブ文字やスペース（空白文字）2つを使うこともできますが、Pythonでは次のように4つのスペースを使うことが一般的です。

実行結果　条件分岐ではインデントを使う

```
C:¥>python
>>> a = 3
>>> if a == 3:
...     'a is 3'        4つスペースを入れる
... else:
...     'a is not 3'
...
a is 3
>>>
```

ifの条件として指定する比較演算子には、表1.5のようなものが用意されています。

表1.5　Pythonで使える比較演算子

比較演算子	意味
a == b	aとbが等しい（値が同じ）
a != b	aとbが等しくない（値が同じでない）
a < b	aよりbが大きい
a > b	aよりbが小さい
a <= b	aよりbが大きいか等しい
a >= b	aよりbが小さいか等しい
a <> b	aとbが等しくない（値が同じでない）
a is b	aとbが等しい（オブジェクト[※8]が同じ）
a is not b	aとbが等しくない（オブジェクトが同じでない）
a in b	aという要素がリストbに含まれる
a not in b	aという要素がリストbに含まれない

複数の条件を指定する場合は、「論理演算子」を使います。論理演算子は「True（真）」と「False（偽）」の2つの値に対して行なう演算で、Pythonでは表1.6のようなものが用意されています。

表1.6　Pythonで使える論理演算子

論理演算子	意味
a and b	aとbの両方がTrueのときTrue、それ以外はFalse
a or b	aとbの一方でもTrueのときTrue、両方FalseのときFalse
not a	aがFalseのときTrue、aがTrueのときFalse

論理演算子を使うと、10以上20未満の範囲内にあるかチェックするような場合には、次のように指定できます。

実行結果　論理演算子の利用

```
C:¥>python
>>> a = 15
>>> if (a >= 10) and (a < 20):      ←10以上20未満の範囲か調べる
...     '10 <= a < 20'
... else:
...     'a < 10 or 20 <= a'
...
10 <= a < 20
>>>
```

なお、演算子には優先順位があります。表1.7の上から順に優先して処理されます。

※8　p.42で簡単に解説していますが、詳しくは専門書を参照してください。

乗算（掛け算）のほうが加算（足し算）よりも優先順位が高いのはp.14で解説した通りですが、比較演算子のほうが論理演算子よりも優先順位が高いため、上記のソースコードは次のように書くこともできます。

実行結果　演算子の優先順位を利用してp.27「論理演算子の利用」を書き換え

```
C:¥>python
>>> a = 15
>>> if a >= 10 and a < 20:      ←条件式からカッコを除去
...     '10 <= a < 20'
... else:
...     'a < 10 or 20 <= a'
...
10 <= a < 20
>>>
```

表1.7　Pythonでの演算子の優先順位

優先順位	演算子	内容
高	**	べき乗
↑	*、/、//、%	乗算、除算、剰余
	+、-	加算、減算
	<、<=、==、!= 、>、>= など	比較演算子
	not	論理NOT
↓	and	論理AND
低	or	論理OR

ただし、わかりやすくするため、カッコでくくって表記する方法がよく使われます。なお、範囲を指定する場合、Pythonでは「`if 10 <= a < 20:`」のように挟んで書くこともできます。

長い行の記述方法

複雑な条件式を使う場合など、1行に書く文字数が多くなってしまう場合があります。画面で横スクロールするのは面倒なため、画面の端で自動的に折り返して表示するエディタもありますが、Pythonでは長い行を途中で改行して複数行に分けて書くこともできます。

その方法がバックスラッシュ「\（環境によっては円マーク）」の使用です。行末にバックスラッシュを書くと、その後ろの改行が無視され、行が継続していると判断されます（リスト1.3）。

リスト1.3　long_sentence.py

```
long_name_variable = 1
if (long_name_variable == 1111111111) \
or (long_name_variable == 2222222222) \
or (long_name_variable == 3333333333):
    print('long value')
```

また、URLなどの長い文字列の場合は、文字列同士をスペースで区切ると結合できます。バックスラッシュと組み合わせることで、複数行の場合でも1つの文字列として扱うことが可能です。たとえば、リスト1.4の3つの記述はいずれも同じURLを表します。

リスト1.4　url.py

```
url1 = 'https://masuipeo.com/book/4798160016.html'
url2 = 'https://masuipeo.com' '/book/4798160016.html'
url3 = 'https://masuipeo.com' \
       '/book/4798160016.html'
```

なお、リストやタプルなどのようにカッコで括っている場合は、複数行になっても行が継続していると判断されます。このため、リスト1.5のように1つの要素が長い場合は、各要素を1行に1つずつ書くことが一般的です。

リスト1.5　url_list.py

```
url_list = [
    'https://masuipeo.com/',
    'https://www.shoeisha.co.jp',
    'https://seshop.com'
]
```

繰り返し

同じ処理を繰り返し実行したい場合は、「`for`」を使います。`for`は、指定した回数だけ繰り返すときに便利です。回数を指定する場合は、`range`に続けて繰り返す回数を書きます。

このrangeのように、ある値を指定して結果を受け取る方法を「関数」といいます[※9]。また、次のようにrange(3)と指定した場合、この「3」のような値を関数の「引数」といいます。次の実行結果では、続く行でprintという関数も使用しています。これは、指定された引数を標準出力（画面）に出力する関数です。

実行結果　forによる処理の繰り返し

```
C:¥>python
>>> for i in range(3):     ←3回繰り返し、変数iに順に格納する
...     print(i)           ←変数iの内容を出力する
...
0
1
2
>>>
```

range関数は、引数で下限と上限を指定して範囲を絞ることもできます。このとき、指定した下限の値は含まれますが、上限の値は含まれないことに注意してください。

実行結果　range関数で繰り返しの範囲を絞る

```
C:¥>python
>>> for i in range(4, 7):
...     print(i)
...
4
5
6
>>>
```

また、forの条件部分にリストを指定して、そのリストに含まれる要素を順にアクセスすることも可能です。リストに格納した要素を、その要素の位置とあわせて順に処理したい場合には、enumerate関数の引数にリストを指定する方法がよく使われます。

※9　関数についてはp.34で詳しく解説しています。

実行結果 forの条件にリストを指定

```
C:¥>python
>>> for i in [5, 3, 7]:  ←リストを指定
...     print(i)
...
5
3
7
>>> for i, e in enumerate([5, 3, 7]):  ←リストの要素の数だけ繰り返し、変数iに
...     print(i, ' : ', e) ←変数iと変数e    位置を、変数eに要素の値を順に格納する
...                         の内容を出力する
0  :  5
1  :  3
2  :  7
>>>
```

forの場合は、回数や要素を指定していましたが、事前に回数や要素がわからないこともあります。繰り返す条件がわかっている場合には、forを使わずにwhileに続けてifのように条件を指定する方法もあります。whileに続けて指定した条件を満たす間、その後に続くブロックに記述された処理を実行できます。

```
while 条件:
␣␣␣␣条件を満たす間だけ実行したい処理
```

実行結果 whileによる繰り返し

```
C:¥>python
>>> i = 0
>>> while i < 4:     ←iが4より小さい間だけ、以下の処理を繰り返す
...     print(i)
...     i += 1       ←iの値を1ずつ増やす
...
0
1
2
3
>>>
```

このような繰り返し（ループ）の考え方は他の言語でもだいたい同じですが、ブロックの指定はifによる条件分岐と同様にインデントを使います。

1.7 リスト内包表記

- リスト内包表記を使うことで、リストの生成、操作をシンプルに実装できる。
- リスト内包表記を使うほうが、処理が高速になることがある。

リストの生成

繰り返しを使うと、リストに要素を連続して追加できます。リストに要素を追加するにはappendという関数を使うため、これを何度も実行します。

実行結果　繰り返しによるリスト要素の追加

```
C:¥>python
>>> data = []                ←空のリストを作成
>>> for i in range(10):      ←リストに要素を追加
...     data.append(i)
...
>>> data
[0, 1, 2, 3, 4, 5, 6, 7, 8, 9]
>>>
```

しかし、Pythonには「リスト内包表記」という書き方があり、同じ処理を次のようにシンプルに書けます。

実行結果　リスト内包表記を使って「繰り返しによるリスト要素の追加」を書き換え

```
C:¥>python
>>> data = [i for i in range(10)]  ←0から9までの10個の要素を生成する
>>> data
[0, 1, 2, 3, 4, 5, 6, 7, 8, 9]
>>>
```

リスト内包表記は、数学で「集合」を表すときの書き方に近いものです。たとえば、数学では次のような書き方をしますが、上のソースコードと表現が似ていると感じる方も多いのではないでしょうか。

$$\{x \mid x は10未満の自然数\}$$

条件を指定したリストの生成

条件を指定して、その条件に一致する項目だけでリストを作成する場合も、次のような書き方が可能です。このように書くと、0から9までの偶数を取り出したリストを作成できます。

実行結果　リスト内包表記で条件に一致する項目だけでリストを作成

```
C:¥>python
>>> data = [i for i in range(10) if i % 2 == 0]
>>> data
[0, 2, 4, 6, 8]
>>>
```


Pythonでは Rubyなどの言語とは異なり、ifを文の後ろに書くことはできませんが、リスト内包表記であれば、このように条件を文の後ろで指定する書き方が可能になっています。

そして、リスト内包表記は繰り返しを使って処理するよりも高速に処理できることが知られていますので、その書き方に慣れておきましょう。

リスト内包表記での if〜else

リスト内包表記でif〜elseのように条件を満たさないときにも処理する場合は、少し書き方が変わります。たとえば、偶数を取り出すだけでなく、奇数のときに0をセットするような場合は、条件を前に記述します。

実行結果　リスト内包表記で条件を満たさないときに処理したい場合

```
C:¥>python
>>> data = [i if i % 2 == 0 else 0 for i in range(10)]
>>> data
[0, 0, 2, 0, 4, 0, 6, 0, 8, 0]
>>>
```

1.8 関数とクラス

- 関数を作ることで、処理を重複して記述する部分を減らせる。
- Pythonでは関数の引数は基本的に参照渡しで行なわれる。
- 変数の有効範囲に注意する必要がある。

関数の作成

何度も実行する処理は、実行回数分だけ同じ処理を書いても実現できますが、関数として自分で定義しておけば、その関数を呼び出すだけで処理を実行できます。関数を使うことで、パラメータを変えて同じ処理を実行できます。このパラメータが「引数」で、引数は関数名の後に括弧でくくって表現します。

また、処理に修正が発生した場合も、その処理を実装している関数の中身を書き換えるだけなので、修正箇所を減らすことができます。

```
def 関数名(引数):
␣␣␣␣実行する処理
␣␣␣␣return 返す値
```

関数を定義するには、「def」キーワードを使います。値を返す場合には、返す値を「return」に続けて指定しますが、画面に出力するだけの関数や、処理を1つにまとめたいだけの場合などは、値を返さない関数や、引数のない関数を作成することも可能です。なお、返す値のことを「戻り値」や「返り値」といいます。

たとえば、2つの引数を受け取って、その和を返す関数は次のように作成できます。作成した関数も呼び出す方法はこれまでのprint関数などと同様で、関数名に続けてカッコ内で引数を指定します。

実行結果　簡単な関数の例

```
C:¥>python
>>> def add(a, b):            ←aとbという2つの引数を受け取る
...     return a + b          ←aとbの和を返す
...
>>> add(3, 5)           ←引数を指定して実行
8
>>> add(4, 6)           ←引数を指定して実行
10
>>>
```

値渡しと参照渡し

関数の引数には「仮引数」と「実引数」の2種類があります。上記で作成した関数addの場合、aとbが仮引数、3と5、4と6が実引数です。つまり、関数の宣言に使用されているのが仮引数で、関数を呼び出すときに関数に渡されるのが実引数です。

ここで、実引数も変数に値が格納されている場面を考えましょう。たとえば、次のように呼び出されているものとします。

実行結果　仮引数と実引数

```
C:¥>python
>>> def add(a, b):
...     return a + b          仮引数
...
>>> x = 3
>>> y = 5
>>> add(x, y)
8                       実引数
>>>
```

ここで、関数の仮引数に実引数の値をコピーして渡す方法を「値渡し」といいます（図1.8）。他のプログラミング言語を知っているなら、aにxの値が、bにyの値がコピーして渡されると考えたかもしれません。あくまでも「コピー」なので、関数の中でaの値が変更されても、呼び出し元のxの値は変更されません。

一方で、関数の仮引数に実引数のメモリ上の場所（アドレス）を渡す方法を「参照渡し」といいます。変数に格納された値は、メモリ上に確保された領域に保存されているため、その場所を渡すと、変数の内容を読み書きできます。この場合、そ

の場所にある値を書き換えるので、関数の中でaの値が変更されると、呼び出し元のxの値も変更されます。

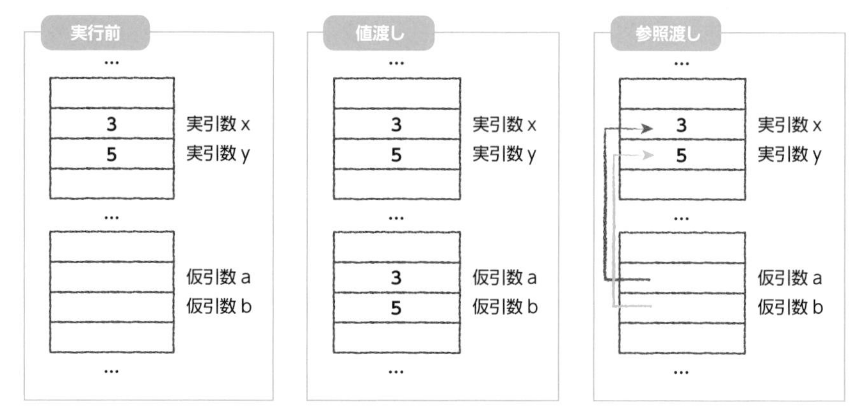

図1.8　値渡しと参照渡し

Pythonでは、基本的に「参照渡し」が使われます。しかし、渡される変数の型によって、その動作が異なります。たとえば、次のように引数として整数を渡す処理を実行した場合、関数の中でaの値を書き換えていますが、呼び出し元のxの値は変わりません。

実行結果　**関数の引数に整数を渡した場合**

```
C:¥>python
>>> def calc(a):
...     a -= 1          ←仮引数の値を書き換える
...     return a
...
>>> x = 3               ←処理前の値をセット
>>> calc(x)             ←関数を呼び出し
2
>>> x ―――――――― xの値は変わっていない
3
```

一方、引数としてリストを渡す処理を実行した場合、関数の中でaの値を書き換えると、呼び出し元のxの値も変わってしまいます。

実行結果　関数の引数にリストを渡した場合

```
C:¥>python
>>> def calc(a):
...     a[0] -= 1    ←仮引数の値を書き換える
...     return a
...
>>> x = [4, 2, 5]    ←処理前の値をセット
>>> calc(x)          ←関数を呼び出し
[3, 2, 5]
>>> x ──────── xの値が変わっている
[3, 2, 5]
```

ここで、関数の中で書き換えられないのは、整数や浮動小数点数、文字列、タプルなどが挙げられます。これらをimmutable型といいます。一方、リストや辞書型（dict）、集合型（set）などは関数の中で書き換えられ、これらをmutable型といいます。

このようにPythonでは、関数に引数を渡すときには、その引数がimmutable型なのか、mutable型なのか意識して実装する必要があります。

変数の有効範囲

Pythonでは、変数を事前に宣言する必要はありません。変数に値を代入した時点で、その変数のデータ型が決まり、適切な大きさの領域がメモリ上に確保されます。ただし、その変数が使える範囲（有効範囲）を知っておく必要があります。

Pythonでは、変数の有効範囲には表1.8の4種類がありますが、よく使われるのは「グローバル変数」と「ローカル変数」の2つです。

表1.8　Pythonでの変数の有効範囲

変数の有効範囲	内容
ローカル変数	関数の中など、一部からしかアクセスできない変数
エンクロージングスコープ変数	関数の外側にあるローカル変数（関数の中で関数を定義する場合などに使われる）
グローバル変数	ファイルの中でどこからでもアクセスできる変数
ビルトイン変数	`len`や`range`といったビルトイン関数など、どこからでもアクセスできるもの

たとえば、リスト1.6のようなソースコードを考えてみましょう。ここで使われている変数xはグローバル変数で、関数checkの中で使われている変数aはローカル変数です。見た目には違いがありませんが、その範囲は異なります。

リスト1.6　scope.py

```
x = 10          ←グローバル変数に値をセット

def check():
    a = 30      ←ローカル変数に値をセット
    return
```

たとえば、リスト1.7のようにソースコードを書き換えて、それぞれの変数の値を出力してみましょう。

リスト1.7　scope1.py

```
x = 10

def check():
    a = 30
    print(x)    ←グローバル変数の値を出力
    print(a)    ←ローカル変数の値を出力
    return

check()         ←関数check呼び出し
print(x)        ←グローバル変数の値を出力
print(a)        ←ローカル変数の値を出力（エラーとなる）
```

9行目で関数checkを呼び出しているため、この関数の内側の処理が実行されます。関数の中では変数aに30をセットした後、xとaの値が順に出力されます。しかし、関数checkが終了した後で、xとaの値を出力しようとすると、xは出力できますが、aは定義されておらずエラーとなります。

実行結果 リスト1.7を実行

```
C:¥>python scope1.py
10          ←関数checkの中でのグローバル変数の出力
30          ←関数checkの中でのローカル変数の出力
10          ←関数check終了後のグローバル変数の出力
Traceback (most recent call last):
  File "scope.py", line 11, in <module>
    print(a)
NameError: name 'a' is not defined
C:¥>
```

xはグローバル変数なので関数の内側でも外側でもアクセスできますが、aはローカル変数なので関数の内側でしかアクセスできないのです。なお、C++など他の言語の中には、if文やfor文の中で定義した変数にはif文やfor文の範囲外からはアクセスできないものがありますが、Pythonの場合はリスト1.8のように問題なくアクセスできます。

リスト1.8 scope2.py

```
x = 10

if True:
    a = 30      ←ifの中での変数への代入
    print(x)
    print(a)

print(x)
print(a)
```

実行結果 リスト1.8を実行

```
C:¥>python scope2.py
10
30
10
30
C:¥>
```

ただし、グローバル変数は関数内での読み込みのみが可能です。このため、関数内でその値を取得できても、関数内で書き換えることはできません。たとえば、リスト1.9のようなコードはエラーとなります。

リスト1.9　scope3.py

```
x = 10

def update():
    x += 30          ←更新しようとしている変数xはローカル変数
    print(x)

update()
print(x)
```

実行結果　リスト1.9を実行

```
C:¥>python scope3.py
Traceback (most recent call last):
  File "scope3.py", line 7, in <module>
    update()
  File "scope3.py", line 4, in update
    x += 30
UnboundLocalError: local variable 'x' referenced before assignment
C:¥>
```

これは、リスト1.9の４行目で更新しようとした変数xがグローバル変数ではなく、ローカル変数として認識しているためです。このため、xが定義されていないとしてエラーになります。

リスト1.10のようにグローバル変数と同じ名前の変数に値をセットすると、関数内ではローカル変数として処理されます。関数内で値はセットされていますが、関数を抜けるとその値は破棄されるのです。

リスト1.10　scope4.py

```
x = 10

def reset():
    x = 30      ←グローバル変数と同じ名前だが、ローカル変数として処理される
    print(x)

reset()
print(x)
```

実行結果　リスト1.10を実行

```
C:¥>python scope4.py
30
10
C:¥>
```

グローバル変数の値を書き換えたい場合には、リスト1.11のようにglobalという指定をつけて、関数内で変数を宣言してから使用します。

リスト1.11　scope5.py

```
x = 10

def reset():
    global x——グローバル変数として宣言する
    x = 30      ←グローバル変数に代入される
    print(x)

reset()
print(x)
```

実行結果　リスト1.11を実行

```
C:¥>python scope5.py
30
30
C:¥>
```

グローバル変数を使うと、引数や戻り値を使わずに、関数の内外で値を受け渡すことができます。しかし、予期しない部分で変数の内容を書き換えてしまう可能性があるため、大規模なソースコードを作成する場合には、できるだけ変数の有効範囲は狭くすることが大切です。このため、可能な限りグローバル変数は使わず、ローカル変数を使うようにしましょう。

オブジェクト指向とクラス

Pythonは、「オブジェクト指向言語」でもあります。オブジェクト指向では、「データ」と「操作」をひとまとめにして扱うことが特徴です。ここまでは変数というデータと、関数は別々に処理していました。これをひとまとめにして処理することで、修正時の影響を最小限にするなど、保守性を高めることができます。

ひとまとめにしたものを「オブジェクト」といい、オブジェクトの内部にあるデータには、用意した操作を使ってしかアクセスできないようにする「カプセル化」と呼ばれる仕組みを持っています（図1.9）。

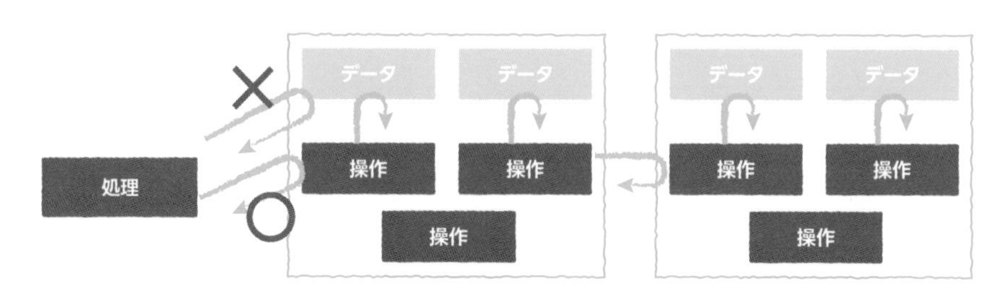

図1.9　オブジェクト指向によるプログラムのイメージ

他から見える必要がない操作は、外部から処理できないようにするだけでなく、必要な操作だけを公開することで、誤った手順で使われることを防いでいます。

オブジェクト指向では、処理の対象をオブジェクト単位で分割し、オブジェクト同士がメッセージをやりとりして処理を進めます。また、オブジェクトの設計図のようなものを「クラス」といい、実体化したものを「インスタンス」といいます（図1.10）。

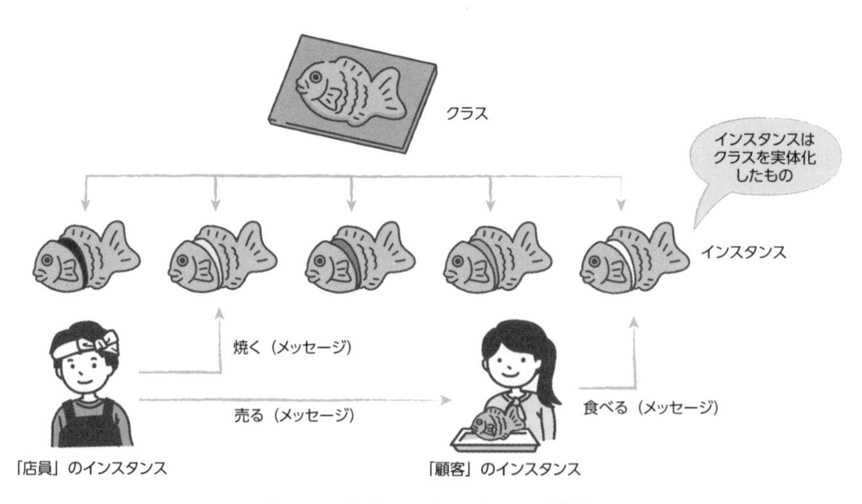

図1.10　クラスとインスタンスの関係

本書で学ぶアルゴリズムを実装する程度であれば、新たなクラスを作成することはないかもしれませんが、ライブラリを使用する場合にはオブジェクト指向の考え方を知っておく必要があります。また、今後他の分野でPythonを使う場合にも、オブジェクト指向の考え方を身につけておくと、大規模なシステム開発にも使えます[※10]。

Pythonのソースコードにおけるデータや関数などはすべてオブジェクトです。これまでに説明した整数や小数、文字列、リスト、タプルなどもすべてオブジェクトであることは、これまでも登場した「`type`」関数の結果を見れば明らかでしょう(実行結果「データ型を調べる」→p.17、実行結果「リストとタプル」→p.22)。

Pythonでクラスを作成する場合、「`class`」に続けてクラス名を指定します。なお、クラス名の先頭は大文字にします。クラス変数とクラス内関数(メソッド)は、インデントして定義します。メソッドの定義には関数と同様に「`def`」キーワードを使用します。たとえば、次ページに示す「クラスを定義してインスタンスを作成」のコードではクラスとメソッドを定義しています。

```
class クラス名:
␣␣␣␣def メソッド名(引数):
␣␣␣␣␣␣␣␣処理内容
␣␣␣␣def メソッド名(引数):
␣␣␣␣␣␣␣␣処理内容
     …
```

クラスを使う場合はクラス名を指定してインスタンスを生成した後、インスタンス名に続けてピリオドとメソッド名を指定してメソッドを呼び出します。

次のコード例では、「`name`」や「`password`」というデータと、「`login`」や「`logout`」といった操作を持つ「`User`」というクラスを定義し、`name`に「`admin`」、`password`に「`password`」という値を持ったインスタンスを作成しています。

また、ログイン時に「`password`」というパスワードで処理すると、問題なくログインでき、ログアウトも実行できていることがわかります。

※10　本書ではオブジェクト指向の詳細は解説しません。詳しく知りたい方はオブジェクト指向についての専門書などを読んでみてください。

実行結果　クラスを定義してインスタンスを作成

```
C:¥>python
>>> class User:          ←Userというクラスを定義
...     def __init__(self, name, password):  ←コンストラクタの定義
...         self.name = name
...         self.password = password
...     def login(self, password): ←ログインメソッドの定義
...         if self.password == password:
...             return True
...         else:
...             return False
...     def logout(self):              ←ログアウトメソッドの定義
...         print('logout')
...
>>> a = User('admin', 'password') ←ユーザー名「admin」、パスワード「password」のユーザーを作成
>>> if a.login('password'):    ←パスワード「password」を指定してログイン
...     a.logout()
...
logout
>>>
```

メソッドを定義するときに、引数に`self`を必ず記述しなければならないのは他の言語と違うところです。Pythonではメソッドに必ず1つの引数を指定する必要があり、最初の引数を`self`とする慣例があります。

`__init__`は「コンストラクタ」といわれ、オブジェクト生成時に必ず呼び出されるメソッドで、オブジェクトが扱うデータなどを初期化するために使われます。同様に、オブジェクト廃棄時（解放時）に必ず呼び出されるメソッドとして「デストラクタ」があり、「`__del__`」というメソッドを使用して指定します。ただ、デストラクタが使われている場面はPythonではあまり見かけません。

既存のクラスからその特徴を引き継いだ新たなクラスを作ることを「継承」といいます。継承を使うことで、複数のクラスに共通する部分を引き継ぐ元となるクラス（基底クラス）にまとめることができます。クラスを継承するには、クラス定義時に基底クラスを次のように引数で指定します。次のページで紹介する実行結果「クラスの継承」では、`User`クラスを継承して、`GuestUser`クラスを定義しています。

```
class クラス名(継承元のクラス名):
    def メソッド名(引数):
        処理内容
        …
```

実行結果　クラスの継承

```
C:¥>python
前ページの「クラスを定義してインスタンスを作成」のUserクラスを定義しておく
>>> class GuestUser(User):    ←Userクラスを継承してGuestUserクラスを定義
...     def __init__(self):
...         super().__init__('guest', 'guest')
...
>>> b = GuestUser()
>>> if b.login('guest'):
...     b.logout()
...
logout
>>>
```

オブジェクト指向プログラミングでは、関連するデータやメソッドをクラスとしてまとめ、クラスの外から内部の変数やメソッドに直接アクセスできないようにする「カプセル化」という機能がよく使われます。

カプセル化でアクセス範囲を制限することで、そのクラスを利用する他のプログラムが勝手にデータを書き換えることがなくなり、不必要なバグの発生を防ぐ効果があります。

多くの言語では、変数やメソッドに対して「`public`」や「`private`」などのアクセス属性を指定してアクセスできる範囲を制限します。Pythonではこのような指定はありませんが、変数やメソッドの名前の前に「_」や「__」を付ける記述が使われます。「_」で始まる変数やメソッドは外部から参照しないというルールがあり、「__」で始まる変数やメソッドにアクセスするとエラーが発生します。

実行結果　__で始まる変数はアクセス不可

```
C:¥>python
>>> class User:
...     def __init__(self, name, password):
...         self.name = name
...         self.__password = password
...
>>> c = User('admin', 'password')
>>> c.name            ←__で始まらないものはアクセスできる
'admin'
>>> c.__password      ←__で始まるものはアクセスできない
Traceback (most recent call last):
  File "<stdin>", line 1, in <module>
AttributeError: 'User' object has no attribute '__password'
```

モジュールとパッケージ

Pythonではモジュールとパッケージを使うことで、他のファイルを取り込んで使えます。モジュールは、関数やクラスなどが書かれた単一のファイルで、importに続けてそのファイルを指定して読み込みます。パッケージはモジュールを集めたもので、似たような機能を持つ複数のモジュールまとめて1つのパッケージとして扱えます。

読み込んだモジュール内で宣言されている関数などは、モジュール名と識別子をピリオド（ドット）でつなげて実行できます。

たとえば、同じディレクトリ内にリスト1.12、リスト1.13のような2つのファイルを作成してみます。1つ目は関数を定義するファイル、2つ目は関数を呼び出すファイルです。2つ目のファイルを指定して実行すると、関数が呼び出されます。

リスト1.12　func.py

```
def add(a, b):
    return a + b
```

リスト1.13　calc.py

```
import func

print(func.add(3, 4))
```

実行結果　calc.py（リスト1.13）を実行

```
C:¥>python calc.py
7
C:¥>
```

モジュールやパッケージの例として、配列を扱うことを考えてみましょう。本文中で解説したリストはPythonに組み込まれているためモジュールやパッケージを読み込む必要はありません。

p.21の脚注で紹介したarrayモジュールは、格納する要素の型が制限されているため、メモリ管理を厳密に行ないたい場合に使われます。機械学習に使いたいときなど、数値だけをより高速に処理したい場合は、リスト1.14のようにNumPyというパッケージのndarrayを使います（Anacondaを使用している場合はNumPyが入っていますが、その他の環境でNumPyを使用するにはインストールが必要です）。

リスト1.14　list_array.py

```
data = [4, 5, 2, 3, 6]                         ←リストを作成

import array
data = array.array('i', [4, 5, 2, 3, 6])  ←整数型の配列を作成

import numpy
data = numpy.ndarray([4, 5, 2, 3, 6])     ←NumPyの配列を作成
```

理解度Check！

●問題1　次のプログラムを実行すると、どのような出力が得られるか考えてみてください。また、実際にコンピュータで入力して、手作業で考えた結果と同じになるか確認してください。

```
x = 3
def calc(x):
    x += 4
    return x

print(x)
print(calc(x))
print(x)
```

●問題2　次のプログラムを実行すると、どのような出力が得られるか考えてみてください。また、実際にコンピュータで入力して、手作業で考えた結果と同じになるか確認してください。

```
a = [3]
def calc(a):
    a[0] += 4
    return a

print(a)
print(calc(a))
print(a)
```

●問題3　次のプログラムを実行すると、どのような出力が得られるか考えてみてください。また、実際にコンピュータで入力して、手作業で考えた結果と同じになるか確認してください。

```
a = [3]
def calc(a):
    a = [4]
    return a

print(a)
print(calc(a))
print(a)
```

第2章

基本的なプログラムを作ってみる

2.1　フローチャートを描く
2.2　FizzBuzzを実装する
2.3　自動販売機でお釣りを計算する
2.4　基数を変換する
2.5　素数を判定する
2.6　フィボナッチ数列を作る

2.1 フローチャートを描く

✔ フローチャートでよく使われる記号を知る。

「はじめに」で触れたように、アルゴリズムとは「問題を解決するための手順や計算方法」であり、プログラミングと直接的な関係はありません。しかし、プログラムを作る上で、その処理手順を少し変えるだけで処理時間を大幅に短縮できる場合があります。このため、プログラミングとあわせて使われることが多くなっています。

アルゴリズムを学ぶためには、プログラミング言語に関する知識だけでは不十分です。簡単なプログラムでも自分で実装してみることで、その手順や処理時間を体感できます。大きなプログラムも、小さなプログラムが組み合わせられて作られています。第1章で学んだPythonを使って、基本的なプログラムを作りながら、その動作を確認してみましょう。

処理の流れを表現する

プログラミングをはじめて学ぶ場合、ソースコードを順に読むことに苦労することがあります。日本語や英語で書かれた文章でも内容が特殊な記述を1行ずつ読んでいくのはなかなか大変です。

しかし、処理の流れが図示されていると、直感的に理解できます。このような「処理の流れ」を表現した図に「フローチャート」があります。フローチャートはJIS（日本工業規格）で定められた標準規格で、プログラムの処理を表現するだけでなく、業務フローの記述にも使われています。

文章で手順を説明するよりも図にするほうが、実装する内容のイメージがわかりやすく、頭を整理できますし、人に伝えるときもスムーズです。

ここでは、フローチャートでよく使われる記号を紹介するとともに、今後の解説ではフローチャートとあわせてソースコードを記載していきます。

よく使われる記号を学ぶ

フローチャートでは、決められた記号を使って描くことが大切です。自分勝手に適当な記号を使ってしまうと、見る人によって理解が変わってしまい、正しく情報を伝えられないことになってしまいます。

一般的には、表2.1のような記号を使います。また、これらの記号を線（矢印）で結んで、上から下に処理が流れていく様子を表現します。

表2.1　フローチャート記号

意味	記号	詳細
開始・終了		フローチャートの開始と終了を表す
処理		処理の内容を書く
条件分岐		ifなどでの条件分岐を表す。記号の中に条件を書く
繰り返し		forなどでの繰り返しを表す。開始（上）と終了（下）で挟んで使う
キー入力		利用者がキーボードで入力することを表す
定義済み処理		他で定義されている処理や関数を表す

簡単なフローチャートを描く

これらの記号を使って、簡単なフローチャートを描いてみます。次のフローチャートは、`for`を使って0以上10未満の偶数を出力するプログラムを表現したものです。実際のプログラム（リスト2.1）とあわせて、その処理の流れを見比べてみてください。

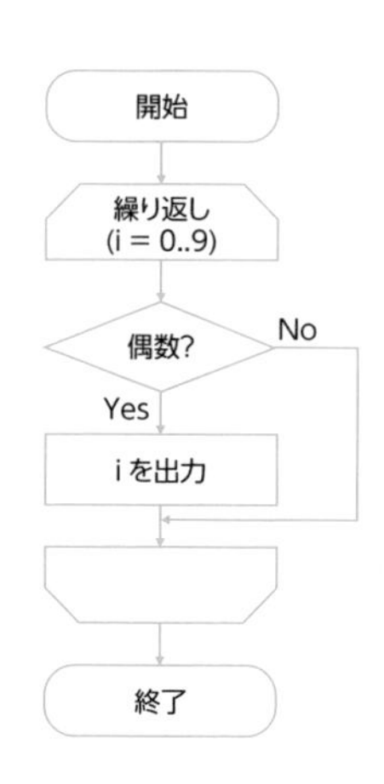

リスト2.1　even.py

```
for i in range(10):
    if i % 2 == 0:  ←偶数のとき
        print(i)
```

実行結果　even.py（リスト2.1）を実行

```
C:¥>python even.py
0
2
4
6
8
C:¥>
```

フローチャートは時代遅れか？

プログラマと話をしていると、「フローチャートを描くことはない」「フローチャートは役に立たない」という声をたびたび耳にします。また、「フローチャートは手続き型」で現代のオブジェクト指向や関数型では使えない、という考え方の人も見かけます。オブジェクト指向ではUML（Unified Modeling Language：統一モデリング言語）を使うのが一般的でしょう。

実際、私が普段プログラムを作成するときにも、フローチャートを描くことはありません。ドキュメントなどで必要とされた場合には、プログラムができあがった後で作成します。

それなら不要ではないか、と考える人もいますが、フローチャートには大きなメリットがあります。それは「**プログラミング言語に依存せず、プログラマ以外にも理解できる**」ということです。書いたプログラムを人に説明するときに、特殊な知識を必要とせず、アルゴリズムの考え方を初心者に伝えるにはいまだに有効な方法でしょう。

2.2 FizzBuzzを実装する

- ✔ forによる繰り返しとifによる条件分岐を組み合わせる。
- ✔ 割り算によるあまりを条件として使う。
- ✔ 簡単なフローチャートを描いてみる。

採用試験によく使われる問題

企業がプログラマを採用する場面で、「プログラムを書けるプログラマ」を見分けるためのテストとしてよく知られる問題にFizzBuzzがあります。これは、次のようなプログラムを作成する問題です。

> **Q.** 1から100までの数を順に出力するプログラムを作成しなさい。ただし、3の倍数のときは数の代わりに「Fizz」を、5の倍数のときは「Buzz」を、3と5の両方の倍数の場合には「FizzBuzz」を出力するものとする。

ここでは、紙面の都合上1から50までにしてみましょう。実際の出力例は、次のようになります。

実行結果　**解答プログラムの出力例**

```
1 2 Fizz 4 Buzz Fizz 7 8 Fizz Buzz 11 Fizz 13 14 FizzBuzz 16 17 Fizz ➥
19 Buzz Fizz 22 23 Fizz Buzz 26 Fizz 28 29 FizzBuzz 31 32 Fizz 34 ➥
Buzz Fizz 37 38 Fizz Buzz 41 Fizz 43 44 FizzBuzz 46 47 Fizz 49 Buzz
```

※誌面の都合上➥で折り返しています。

これを出力するプログラムを作成してみます。まず、1から50までの数を順に出力するプログラムを考えます。Pythonでは、繰り返しを使ってリスト2.2のように実装できます。

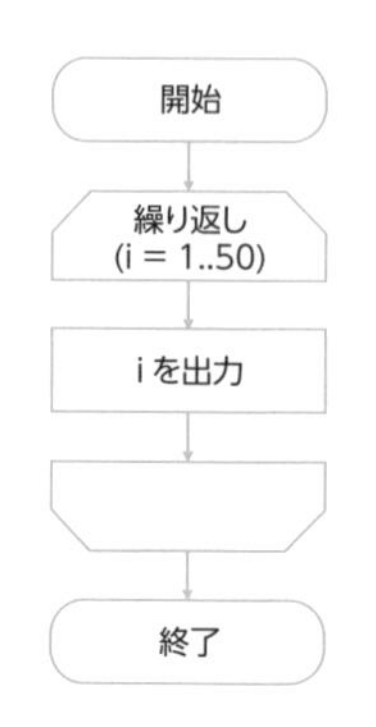

リスト2.2　fizzbuzz1.py

```
for i in range(1, 51):
    print(i, end=' ') ←改行せずに空白をつけて出力
```

実行結果　fizzbuzz1.py（リスト2.2）を実行

```
C:¥>python fizzbuzz1.py
1 2 3 4 5 6 7 8 9 10 11 12 13 14 15 16 ➡
17 18 19 20 21 22 23 24 25 26 27 28 29 ➡
30 31 32 33 34 35 36 37 38 39 40 41 42 ➡
43 44 45 46 47 48 49 50
```

※誌面の都合上➡で折り返しています。

リスト2.2で、rangeの2つ目の引数に「51」を指定しているのは、最後の数を含めないためです。Pythonではrangeの上限の数を含めないため、range(1, 51)と指定すると、1〜50までの整数を繰り返し生成してくれました。また、print関数の引数として「end=' '」を追加すると、出力するたびに改行せず空白を出力できます。

このプログラムを修正して、目的のプログラムに近づけてみましょう。最初の条件は、3の倍数のときは数の代わりに「Fizz」を出力する、というものでしたね。

 3の倍数のときに「Fizz」を出力する

3の倍数を判定する方法はいくつも考えられますが、「3で割り切れる」ことに気づくと簡単です。割り切れる、ということは「あまり」が0になることと同じです。

多くのプログラミング言語では「あまり」を求める演算が用意されており、第1章で解説したように、Pythonでは「%」という演算を使って求められます。たとえば、5÷3を計算したあまりは2なので、「5 % 3」を実行すると2が得られます。

試しに、次のように処理して、結果を確認してみましょう。

実行結果　5÷3のあまりを計算

```
>>> 5 % 3
2
>>>
```

このやり方なら、3の倍数のときは3で割ったあまりが0であることを判定すればよいので、条件分岐を使って出力内容を変えることにします。たとえば、3で割り切れたときはFizzを、それ以外のときは数を出力するプログラムは、リスト2.3のように書けます。

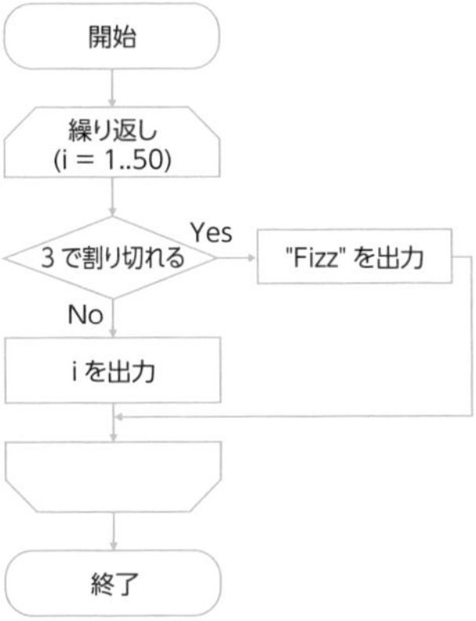

開始
繰り返し
(i = 1..50)
3で割り切れる
Yes
"Fizz"を出力
No
iを出力
終了

リスト2.3　fizzbuzz2.py

```
for i in range(1, 51):
    if i % 3 == 0:    ←3で割り切れるとき
        print('Fizz', end=' ')
    else:             ←3で割り切れないとき
        print(i, end=' ')
```

実行結果　fizzbuzz2.py（リスト2.3）を実行

```
C:¥>python fizzbuzz2.py
1 2 Fizz 4 5 Fizz 7 8 Fizz 10 11 Fizz 13 14 Fizz 16 17 Fizz 19 20 ➡
Fizz 22 23 Fizz 25 26 Fizz 28 29 Fizz 31 32 Fizz 34 35 Fizz 37 38 ➡
Fizz 40 41 Fizz 43 44 Fizz 46 47 Fizz 49 50
```

※誌面の都合上➡で折り返しています。

5の倍数のときに「Buzz」を出力する

次に、5の倍数のときは数の代わりに「Buzz」を出力する、という条件を追加してみましょう。単純に条件を追加すると、リスト2.4のようにプログラムを修正できます。このように、複数の条件を分岐したい場合、ifとelseを組み合わせて、elifという書き方が可能です。

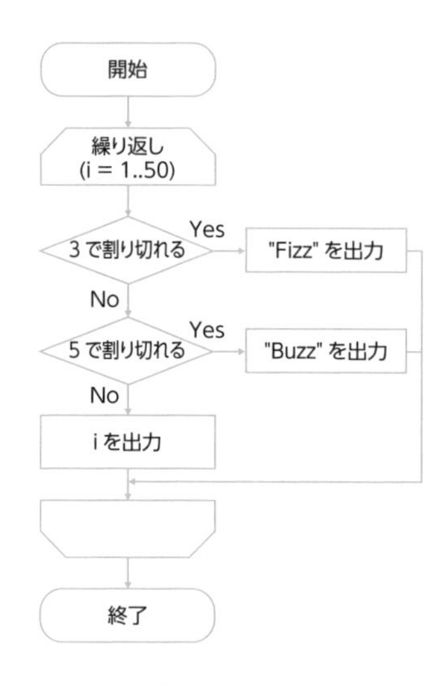

リスト2.4　fizzbuzz3.py

```
for i in range(1, 51):
    if i % 3 == 0:   ←3で割り切れるとき
        print('Fizz', end=' ')
    elif i % 5 == 0: ←5で割り切れるとき
        print('Buzz', end=' ')
    else:  ←3でも5でも割り切れないとき
        print(i, end=' ')
```

実行結果　fizzbuzz3.py（リスト2.4）を実行

```
C:¥>python fizzbuzz3.py
1 2 Fizz 4 Buzz Fizz 7 8 Fizz Buzz 11 Fizz 13 14 Fizz 16 17 Fizz 19 ➥
Buzz Fizz 22 23 Fizz Buzz 26 Fizz 28 29 Fizz 31 32 Fizz 34 Buzz Fizz ➥
37 38 Fizz Buzz 41 Fizz 43 44 Fizz 46 47 Fizz 49 Buzz
```

※誌面の都合上➥で折り返しています。

先に3の倍数の判定を行なっているため、5の倍数であってもBuzzと出力されていない部分があります（15、30、45の場合）。ただし、これは次の条件である、3と5の両方の倍数の場合には「FizzBuzz」を出力する、という部分で解消できるためこのままにします。

3と5の両方の倍数の場合に「FizzBuzz」を出力する

難しいのは、最後の条件をどのように追加するかです。1つの方法として、3の倍数の判定を行なった中でさらに5の倍数の判定を行なうことが考えられます。もちろん、上記の5の倍数の判定もそのまま残しておきます。たとえば、リスト2.5のように実装してみましょう。

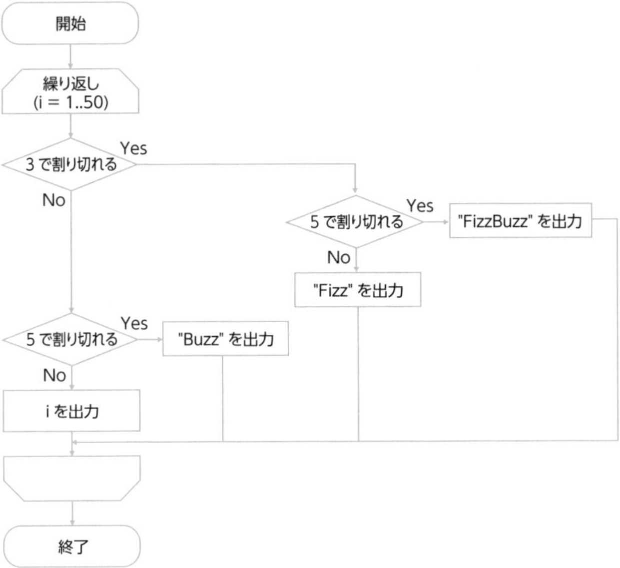

開始
繰り返し
(i = 1..50)
3で割り切れる
Yes
No
5で割り切れる
Yes
"FizzBuzz"を出力
No
"Fizz"を出力
5で割り切れる
Yes
"Buzz"を出力
No
iを出力
終了

リスト2.5　fizzbuzz4.py

```
for i in range(1, 51):
    if i % 3 == 0:
        if i % 5 == 0:
            print('FizzBuzz', end=' ')
        else:
            print('Fizz', end=' ')
    elif i % 5 == 0:
        print('Buzz', end=' ')
    else:
        print(i, end=' ')
```

実行結果　fizzbuzz4.py（リスト2.5）を実行

```
C:¥>python fizzbuzz4.py
1 2 Fizz 4 Buzz Fizz 7 8 Fizz Buzz 11 Fizz 13 14 FizzBuzz 16 17 Fizz ➡
19 Buzz Fizz 22 23 Fizz Buzz 26 Fizz 28 29 FizzBuzz 31 32 Fizz 34 Buzz ➡
Fizz 37 38 Fizz Buzz 41 Fizz 43 44 FizzBuzz 46 47 Fizz 49 Buzz
```

※誌面の都合上➡で折り返しています。

欲しい結果が問題なく得られました。ただし、一般的には特殊なケースは先に処理するほうが、後から見たときにソースコードが読みやすくなることが多いものです。そこで、3と5の両方の倍数の場合を最初に判定してしまいましょう。論理演算子のandを使うと、リスト2.6のように実装できます。

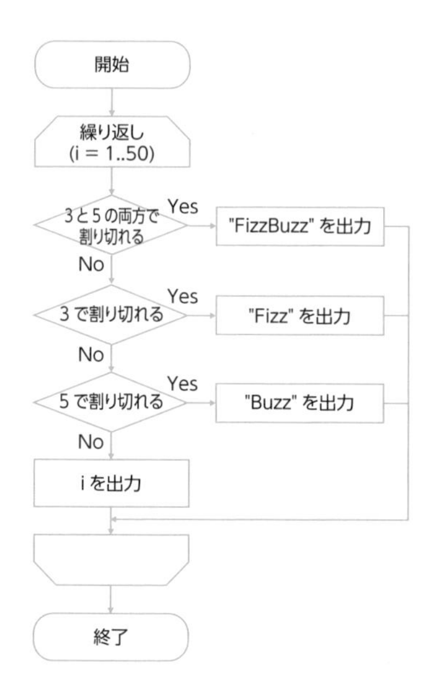

リスト2.6　fizzbuzz5.py

```
for i in range(1, 51):
    if (i % 3 == 0) and (i % 5 == 0):
        print('FizzBuzz', end=' ')
    elif i % 3 == 0:
        print('Fizz', end=' ')
    elif i % 5 == 0:
        print('Buzz', end=' ')
    else:
        print(i, end=' ')
```

出力は同じなので省略しますが、字下げも少なくなってソースコードが読みやすくなりました。

このように、一度に目的のプログラムを作るのではなく、最初に簡単なプログラムを作ってみましょう。少しずつ修正していくことで、求めるプログラムとの違いを確認しながら作業できるので初心者にはオススメです。

2.3 自動販売機でお釣りを計算する

- キーボードからの入力を処理できるようになる。
- 不正な入力に対応できるようになる。
- リストを使ってプログラムを簡潔に書けるようになる。

お釣りの枚数を最小にするには？

コンピュータは「計算機」と訳されるように計算が得意な機械です。そこで、簡単な計算を行なうプログラムを作ってみましょう。ここでは、単純な自動販売機を考えてみます。

自動販売機は、投入した金額と購入したい商品の金額を比較して、投入した金額が商品の金額と同じ、または投入した金額のほうが多ければ商品を購入できます。そして、投入した金額のほうが多かった場合はお釣りを計算して返します。

ここでは、この「お釣りを計算して返す部分」を考えます。金額を計算するだけでなく、どの紙幣、硬貨をそれぞれ何枚ずつ返せばいいのか求めることがポイントです。

たとえば、1万円札を投入して、2,362円の商品を購入すると、お釣りは7,638円です。このとき、お釣りはどのように返せばよいでしょうか？（図2.1）

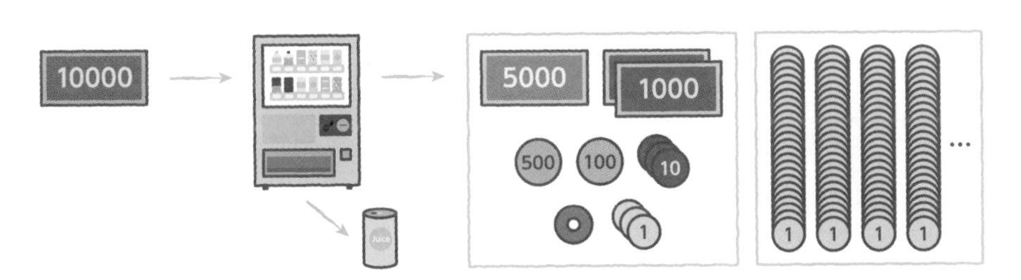

図2.1　お釣りの枚数を考える

もちろん、1円玉を7,638枚返しても問題はないのですが、このような機械ではクレームが出るかもしれませんし、お釣りを大量に準備しておくのは現実的ではありません。一般的には、お釣りの枚数がもっとも少なくなるように計算して返します。

たとえば、5千円札1枚と千円札2枚、500円玉1枚、100円玉1枚、10円玉3枚、5円玉1枚、1円玉3枚を返すでしょう。2千円札を考えなければ、この方法でお釣りの枚数をもっとも少なくできます。

この処理を行なうプログラムを作ってみます。今回も最初はシンプルなプログラムを作って、徐々に目的のプログラムに近づくように修正しながら実装しましょう。

お釣りの金額を計算する

まずは「投入する金額」と「購入した商品の金額」から「お釣りの金額」を計算する部分を考えます。投入する金額を入力する画面を表示し、次に購入した商品の金額を入力する画面を表示します。それぞれ金額を入力すると、お釣りの計算を行なって結果を表示します。

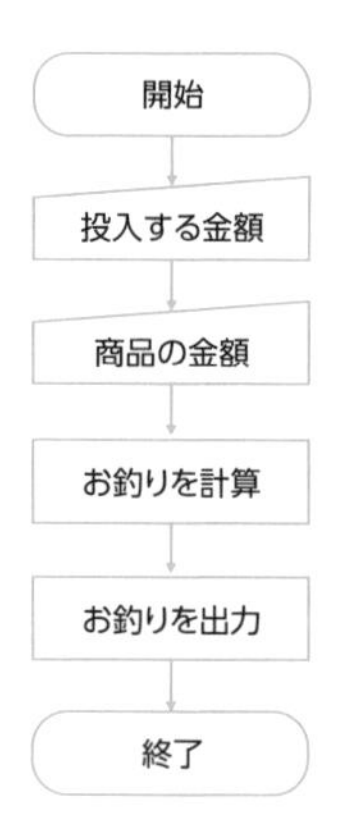

たとえば、リスト2.7のようなプログラムが考えられます。

リスト2.7　vending_machine1.py

```
insert_price = input('insert: ')      ←投入する金額を受け取る
product_price = input('product: ')   ←商品の金額を受け取る
change = int(insert_price) - int(product_price)      ←お釣りを計算
print(change)
```

ここで、1行目と2行目ではinput関数でキーボードからの入力を受け付けています。そして、入力された値を変数に代入しています。入力された値は文字列なので、3行目ではそれぞれを整数に型変換（キャスト）してお釣りを計算し、4行目で結果を表示しています。このように、計算する場合は整数である必要があるため、文字列の場合は数値に変換しなければなりません（第1章では数値を文字列に変換しましたが、ここでは逆に変換します）。

実行して、「投入する金額」と「購入した商品の金額」の両方を入力してみると、次のように正しく計算できていることがわかります。

実行結果　vending_machine1.py（リスト2.7）を実行して計算

```
C:¥>python vending_machine1.py
insert: 10000   ←「insert:」と表示されたら金額を入力する
product: 2362   ←「product:」と表示されたら金額を入力する
7638
C:¥>
```

次に、これを紙幣や硬貨の枚数に変換することにしましょう。私たちがお釣りの枚数を減らすために計算するときは、大きな紙幣から順番に使うことを考えているはずです。つまり、5千円札から順に、千円札、500円玉、100円玉、…と使っていきます。

それぞれの枚数は、紙幣や硬貨1枚の金額で割り算をした商を計算して求められます。たとえば、7,638円であれば、7,638÷5,000=1あまり2,638なので、5千円札は1枚です。また、次の千円札はこのあまりである2,638円を1,000で割って、2,638÷1,000=2あまり638。つまり2枚となります。この処理をすべての紙幣・硬貨に対して行なうと、それぞれの枚数が求められます。

Pythonでは、//で整数の商を、%であまりを求められるので、次のように枚数と残金を計算できます。

実行結果　5千円札の枚数と残金を求める

```
>>> print(7638 // 5000)  ←割り算で枚数を求める
1
>>> print(7638 % 5000)   ←あまりで残金を求める
2638
```

これを使って今回のお釣りを計算すると、リスト2.8のようなプログラムが考えられます。少し長いプログラムになりましたが、空行の部分で区切りながら読んでいくと、個々の処理の内容は単純です。

リスト2.8 vending_machine2.py

```
# お釣りの金額を求める
insert_price = input('insert: ')
product_price = input('product: ')
change = int(insert_price) - int(product_price)

# 5000円札の枚数を求める
r5000 = change // 5000
q5000 = change % 5000
print('5000: ' + str(r5000))

# 1000円札の枚数を求める
r1000 = q5000 // 1000
q1000 = q5000 % 1000
print('1000: ' + str(r1000))

# 500円玉の枚数を求める
r500 = q1000 // 500
q500 = q1000 % 500
print('500: ' + str(r500))

# 100円玉の枚数を求める
r100 = q500 // 100
q100 = q500 % 100
print('100: ' + str(r100))

# 50円玉の枚数を求める
r50 = q100 // 50
q50 = q100 % 50
print('50: ' + str(r50))

# 10円玉の枚数を求める
r10 = q50 // 10
q10 = q50 % 10
print('10: ' + str(r10))

# 5円玉の枚数を求める
r5 = q10 // 5
q5 = q10 % 5
print('5: ' + str(r5))

# 1円玉の枚数を求める
print('1: ' + str(q5))
```

各処理では、それぞれの紙幣や硬貨の単価で割った商を枚数として出力するだけでなく、あまりを次の紙幣や硬貨の計算に使用しています。なお、割り算によって計算される商やあまりは必ず整数なので、文字列と結合して出力するためにはstr関数で文字列に変換しなければなりません。

これを実行すると、次のような結果が得られました。

実行結果　vending_machine2.py（リスト2.8）を実行

```
C:¥>python vending_machine2.py
insert: 10000
product: 2362
5000: 1
1000: 2
500: 1
100: 1
50: 0
10: 3
5: 1
1: 3
C:¥>
```

リストとループでシンプルな実装に変える

このプログラムでも正しい答えが得られたので処理の内容は問題ありませんが、同じような処理を繰り返していることが気になります。使う値を変えながら同じ計算を実行しているだけなので、もう少し工夫できないか考えてみましょう。

このような場合は、リストとループを組み合わせることにより、シンプルに実装できることが多いものです。今回の場合、紙幣や硬貨の金額をリストに入れると、繰り返しを使ってリスト2.9のように実装できます。

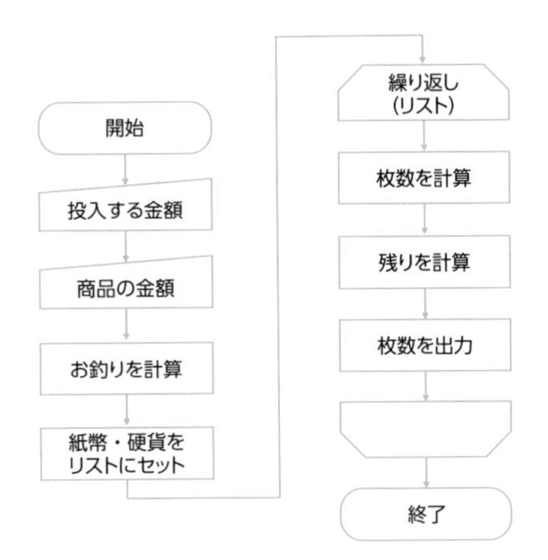

リスト2.9 vending_machine3.py

```
input_price = input('insert: ')
product_price = input('product: ')
change = int(input_price) - int(product_price)

coin = [5000, 1000, 500, 100, 50, 10, 5, 1]    ←紙幣・硬貨のリスト

for i in coin:
    r = change // i
    change %= i
    print(str(i) + ': ' + str(r))
```

同じ結果が得られるプログラムですが、その記述量が大幅に減っていることがわかるでしょう。また、2千円札を追加した場合にも、5行目のリストに「2000」という値を追加するだけなので、プログラムの修正も簡単になります。

今回のように1万円を投入して、2,362円のものを購入した場合は、「10000」と「2362」をそれぞれ入力すると、次のように問題なく処理されます。

実行結果　vending_machine3.py（リスト2.9）を実行①：投入金額10000、購入金額2362

```
C:¥>python vending_machine3.py
insert: 10000
product: 2362
5000: 1
1000: 2
500: 1
100: 1
50: 0
10: 3
5: 1
1: 3
C:¥>
```

しかし、このままでは入力の内容によって問題が発生します。たとえば、金額として「1000」と「2362」を入力してみましょう。つまり、1000円で2362円のものを購入した場合です。

実際には購入できませんが、リスト2.9のプログラムでは処理できてしまい、マイナスの値が出力されます。

実行結果　vending_machine3.py（リスト2.9）を実行②：投入金額1000、購入金額2362

```
C:¥>python vending_machine3.py
insert: 1000
product: 2362
5000: -1
1000: 3
500: 1
100: 1
50: 0
10: 3
5: 1
1: 3
C:¥>
```

また、金額として「10,000」と「2,362」のようにカンマ区切りの数字を入力してみましょう。すると、お釣りを計算するときに文字列から整数への型変換に失敗し、エラーとなってしまいます。

実行結果　vending_machine3.py（リスト2.9）を実行③：投入金額と購入金額をカンマ区切り

```
C:¥>python vending_machine3.py
insert: 10,000
product: 2,362
Traceback (most recent call last):
  File "vending_machine.py", line 3, in <module>
    change = int(input_price) - int(product_price)
ValueError: invalid literal for int() with base 10: '10,000'
C:¥>
```

不適切な入力に対応する

このように、利用者からの入力を処理するときには、不適切な入力に対応する必要があります。ここでは、入力された金額が数字かどうか、`isdecimal`関数[※1]を使って判定してみましょう（リスト2.10）。さらに、お釣りを計算する前に、投入された金額から商品の金額を引いたものがマイナスになっていないかチェックします。

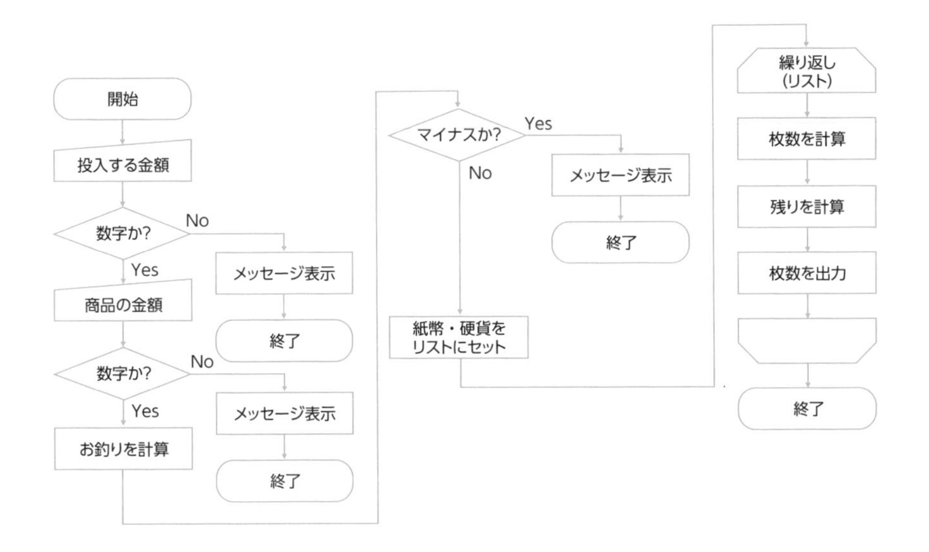

※1　文字列クラスが持つメソッドで、その文字列が数字だけで構成されているかチェックして結果を返します。

リスト2.10　vending_machine4.py

```
import sys      ←エラー時に強制終了するためのモジュールを読み込む

input_price = input('insert: ')
if not input_price.isdecimal():
    print('整数を入力してください')
    sys.exit()  ←エラーがあれば強制終了

product_price = input('product: ')
if not product_price.isdecimal():
    print('整数を入力してください')
    sys.exit()  ←エラーがあれば強制終了

change = int(input_price) - int(product_price)

if change < 0:
    print('金額が不足しています')
    sys.exit()  ←エラーがあれば強制終了

coin = [5000, 1000, 500, 100, 50, 10, 5, 1]

for i in coin:
    r = change // i
    change %= i
    print(str(i) + ': ' + str(r))
```

もし不正な入力が行なわれた場合には、メッセージを表示して処理を終了しています[※2]。これにより、不正な入力を防ぐことができます。

このようにチェックすると、整数以外の値が入力された場合にも異常終了することなくエラー内容が表示され、利用者にも原因がわかりやすくなります。

実行結果　vending_machine4.py（リスト2.10）を実行①

```
C:¥>python vending_machine4.py
insert: 10,000
整数を入力してください
C:¥>
```

※2　sysというモジュールを読み込むと、sys.exit()という関数を実行してプログラムを終了できます。

実行結果　vending_machine4.py（リスト2.10）を実行②

```
C:¥>python vending_machine4.py
insert: 10000
product: 2,376
整数を入力してください
C:¥>
```

実行結果　vending_machine4.py（リスト2.10）を実行③

```
C:¥>python vending_machine4.py
insert: 1000
product: 2376
金額が不足しています
C:¥>
```

Memo divmod関数

Pythonでは商とあまりを同時に求めるdivmodという関数もあります。これは、商とあまりを対で返す関数で、

```
divmod(a, b)
```

は、

```
(a // b, a % b)
```

と同じです。これを使うと、お釣りを計算する部分はリスト2.11のようにシンプルに実装できます（ただし、この方法は他の言語では使えない場合もありますので、注意が必要です）。

リスト2.11　vending_machine5.py

```
input_price = input('insert: ')
product_price = input('product: ')
change = int(input_price) - int(product_price)

coin = [5000, 1000, 500, 100, 50, 10, 5, 1]

for i in coin:
    r, change = divmod(change, i)

    print(str(i) + ': ' + str(r))
```

2.4 基数を変換する

- ✓ 10進数と2進数の変換について理解する。
- ✓ whileによる繰り返しを実装できるようになる。
- ✓ 独自の関数を作成できるようになる。

10進数と2進数

先ほどの金額のように、私たち人間は0〜9の10個の数字を使った10進数を使うことが一般的です。0から順に数え上げるとき、9の次は10、99の次は100というように、9を0に戻して桁を1つ増やします。

しかし、コンピュータは2進数で動いている、という話を聞いたことがある人は多いのではないでしょうか。2進数は0と1の2つの数字だけを使って表現する方法です。つまり、0, 1, 10, 11, 100, 101, 110, 111, 1000, …のように桁が増えていきます（表2.2）。

表2.2　10進数と2進数の対応

10進数	2進数	10進数	2進数
0	0	10	1010
1	1	11	1011
2	10	12	1100
3	11	13	1101
4	100	14	1110
5	101	15	1111
6	110	16	10000
7	111	17	10001
8	1000	18	10010
9	1001	19	10011

このように、各桁に使われる記号の数を「基数」といいます。10進数の場合は0

〜9の10通りの記号を使うので10、2進数の場合は0と1の2通りの記号を使うので2です。

10進数の計算では、私たちが小学校で九九を覚えたように、0〜9の数に対する計算を考える必要があります。しかし、2進数であれば0と1しかありませんので、考えることは非常にシンプルです。

足し算と掛け算を考えてみましょう。すると、表2.3の8つだけを覚えれば計算できることがわかります。

表2.3　2進数の足し算と掛け算

足し算	掛け算
0＋0=0	0×0=0
0＋1=1	0×1=0
1＋0=1	1×0=0
1＋1=10	1×1=1

たとえば、4＋7や3×6を2進数で計算してみましょう。なお、10進数と2進数を区別するため、以降では10進数のときは$4_{(10)}$のように右下に10と書き、2進数のときは$100_{(2)}$のように右下に2と書くことにします。

表2.2を見ると$4_{(10)}=100_{(2)}$、$7_{(10)}=111_{(2)}$なので足し算は$100_{(2)}+111_{(2)}$と計算できます。同様に、$3_{(10)}=11_{(2)}$、$6_{(10)}=110_{(2)}$なので、掛け算は$11_{(2)}\times110_{(2)}$という計算です。10進数のときと同じように筆算で計算すると、表2.4のように求められます。

表2.4　2進数の足し算と掛け算を筆算で解く

足し算の例	掛け算の例
100 +111 1011	11 ×110 11 11 10010

そして、出てきた答えを見ると、それぞれ$1011_{(2)}=11_{(10)}$と$10010_{(2)}=18_{(10)}$を求められていることがわかります。それでは、10進数を2進数に変換するにはどうすればよいでしょうか？

10進数から2進数に変換する

上記のように、$18_{(10)}$は2進数に変換すると$10010_{(2)}$です。これを求めるときによく使われるのは、2で割って商とあまりを求め、その商をさらに2で割って商とあまりを求める、という作業を商が0になるまで繰り返す方法です。

商とあまりがわかればよいので、次のように縦に並べて書く方法がよく使われます。

18 ÷ 2 = 9 あまり 0
 9 ÷ 2 = 4 あまり 1
 4 ÷ 2 = 2 あまり 0
 2 ÷ 2 = 1 あまり 0
 1 ÷ 2 = 0 あまり 1

ここで、あまりを下から順に並べると10010となり、欲しい値が求められました。これをプログラムで実装することを考えます。

商やあまりを求めるのはお釣りを求めるときに使った計算と同じです。ただし、商が0になるまで繰り返す必要があります。ここでは、$18_{(10)}$を2進数に変換するプログラムを作ってみましょう（リスト2.12）。

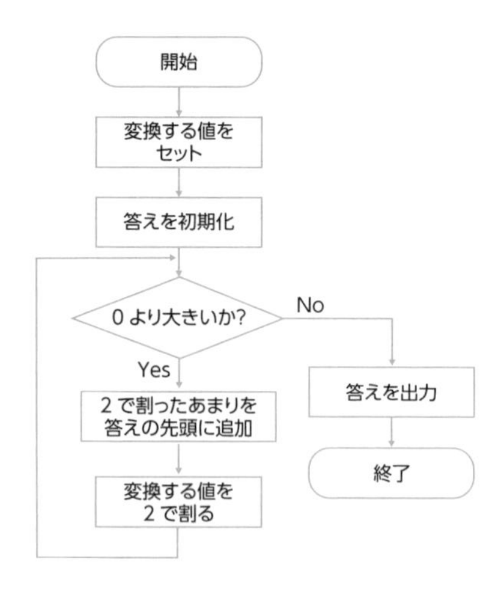

リスト2.12　convert1.py

```
n = 18

result = ''

while n > 0:
    result = str(n % 2) + result      ←あまりを文字列の左側に追加していく
    n //= 2      ←2で割った商を再度代入する

print(result)
```

答えを格納する変数として文字列型の`result`を用意し、あまりを順に連結しています。このとき、すでにセット済みの文字列の前に付けていくことがポイントです。また、求めた商を次の割られる数としています。

実行結果　convert1.py（リスト2.12）を実行

```
C:¥>python convert1.py
10010
C:¥>
```

もう少し汎用的にするために、基数を指定して変換できる関数を作ってみましょう（リスト2.13）。

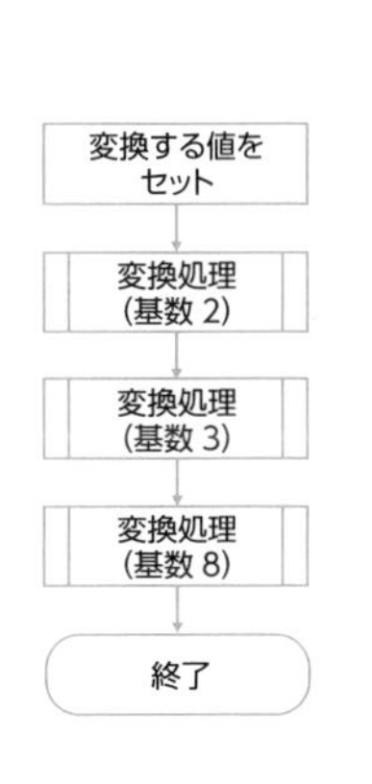

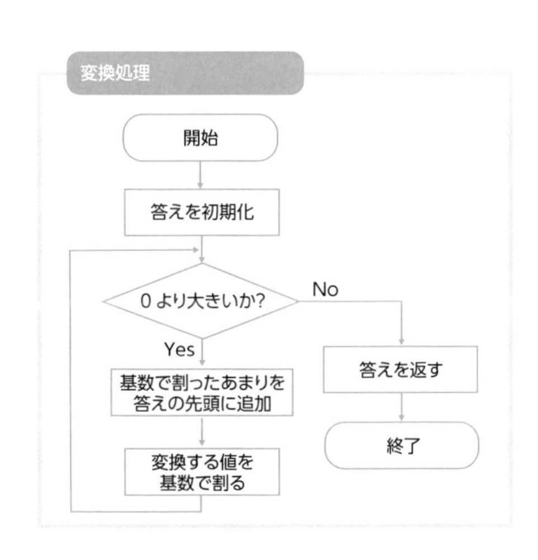

リスト2.13　convert2.py

```
n = 18

def convert(n, base):
    result = ''

    while n > 0:
        result = str(n % base) + result
        n //= base

    return result

print(convert(n, 2))
print(convert(n, 3))
print(convert(n, 8))
```

このような関数を作ると、基数が2～10までの数について変換できるようになりました。リスト2.13では、基数が2、3、8のときに変換していますが、問題なく処理できています。

実行結果　convert2.py（リスト2.13）を実行

```
C:¥>python convert2.py
10010
200
22
C:¥>
```

ただし、あくまでも10進数から他の基数に変換するだけです。そこで、次は2進数から10進数に変換することを考えてみましょう。

2進数から10進数に変換する

$10010_{(2)}$という2進数の値が与えられたとき、これを10進数に変換することを考えます。これは、10進数での位取りを考えるとその規則がわかります。たとえば、456という数は100の位が4、10の位が5、1の位が6です。つまり、456 = 4 × 100 + 5 × 10 + 6 × 1と書けます。

$100=10^2$、$10=10^1$、$1=10^0$なので、10進数であれば基数10が底である数を考えていることを指します。つまり、2進数であれば基数2が底であると考えればよいのです。

今回の$10010_{(2)} = 1 \times 2^4 + 0 \times 2^3 + 0 \times 2^2 + 1 \times 2^1 + 0 \times 2^0$であると考えられます。実際、計算してみると$1 \times 16 + 0 \times 8 + 0 \times 4 + 1 \times 2 + 0 \times 1 = 18_{(10)}$というように求められます。これをプログラムでも実装してみます（リスト2.14）。

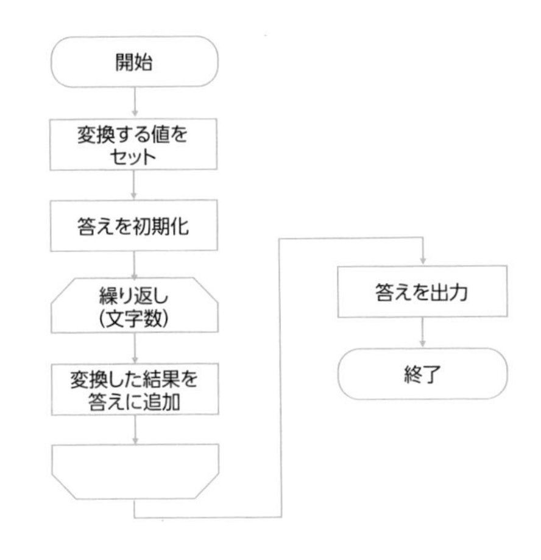

リスト2.14　convert3.py

```
n = '10010'

result = 0
for i in range(len(n)):
    result += int(n[i]) * (2 ** (len(n) - i - 1))
              └─1文字ずつ取り出す   └─累乗部分を計算

print(result)
```

このコードは少し説明が必要でしょう。まず、`for`ループでは`len`関数を使って、与えられた入力の文字数の分だけ繰り返しています。その中で、先頭から1文字ずつ取り出して、その数と基数の累乗を掛け算しています。今回は2進数として変換するため基数は2で、その累乗はi=0のとき4乗、i=1のとき3乗、i=2のとき2乗、というように累乗を求めています。

実行結果　convert3.py（リスト2.14）を実行

```
C:¥>python convert3.py
18
C:¥>
```

　このように、それぞれ数行のプログラムで10進数から2進数への変換、2進数から10進数への変換が可能ですが、Pythonを含めた多くの言語でこのような変換を行なう関数は用意されています。

　たとえば、Pythonでは10進数から2進数への変換にbinという関数があります(リスト2.15)。また、int関数の引数に2を指定すると2進数の文字列を10進数に変換できます。

リスト2.15　convert4.py

```
a = 18
print(bin(a))         ←10進数を2進数に変換して表示

b = '10010'
print(int(b, 2))      ←2進数を10進数に変換して表示
```

実行結果　convert4.py (リスト2.15) を実行

```
C:¥>python convert4.py
0b10010
18
C:¥>
```

　上記では2進数の値を文字列として扱ってきましたが、先頭に0bを付けると整数型の値として処理できます (リスト2.16)。

リスト2.16　convert5.py

```
a = 0b10010     ←2進数の値は先頭に0bをつける
print(a)
```

実行結果　convert5.py (リスト2.16) を実行

```
C:¥>python convert5.py
18
C:¥>
```

　このような先頭に「0b」を付ける書き方は多くのプログラミング言語が対応していますので、知っておきましょう。

ビット演算

Pythonには「ビット演算」が用意されています。ビット演算は整数に対する2進数の演算で、整数のすべてのビットに対する論理演算を一度に行なうことができます（図2.2）。

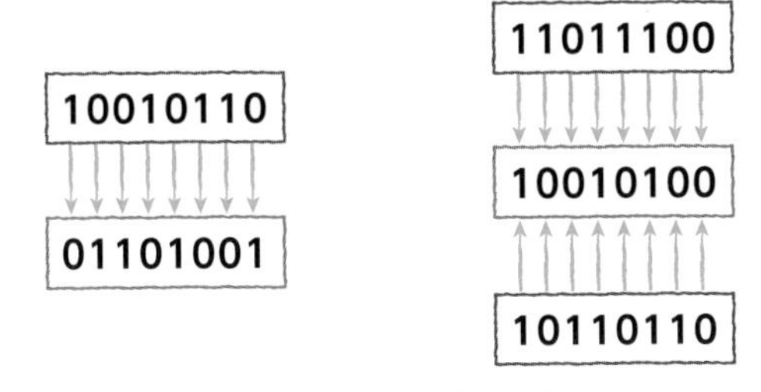

図2.2　ビット演算

代表的なビット演算に、表2.5のようなものがあります。

表2.5　ビット演算

演算	記述方法	例（a=1010, b=1100のとき）
ビット反転（NOT）	~a	0101
論理積（AND）	a & b	1000
論理和（OR）	a | b	1110
排他的論理和（XOR）	a ^ b	0110

ビット反転は論理否定ともいわれ、各ビットに対して0は1に、1は0に変換します。たとえば、10010の場合は01101となります。実際には、2進数で左側の桁が無限に0で埋められていると考えるため、反転すると左側の桁が無限に1で埋められることになります。符号付きの2進数には、最上位ビットが1のときはマイナスになるという決まりがあるため、Pythonでもビット反転を行なうと正負が反転します。

論理積は2つの同じ長さのビット列において、同じ位置のビットごとに表2.6のAND演算を行ないます。つまり、両方とも1の場合のみ1に、いずれかが0の場合に0に変換します。

論理和は2つの同じ長さのビット列において、同じ位置のビットごとに表2.6のOR演算を行ないます。つまり、両方とも0の場合のみ0に、いずれかが1の場合に1に変換します。

排他的論理和は2つの同じ長さのビット列において、同じ位置のビットごとに表2.6のXOR演算を行ないます。つまり、2つとも同じ場合は0に、異なる場合は1に変換します。

表2.6　AND、OR、XORの演算

AND演算

AND	0	1
0	0	0
1	0	1

OR演算

OR	0	1
0	0	1
1	1	1

XOR演算

XOR	0	1
0	0	1
1	1	0

また、左右に各ビットを移動する「シフト演算」も用意されています。左に移動するものを「左シフト」、右に移動するものを「右シフト」といいます（図2.3）。

図2.3　シフト演算

左シフトはすべての桁を指定された数だけ左に移動し、一番右の空いた位置には0が入ります。2進数で考えると、1ビット左シフトすると2倍、2ビット左シフトすると4倍、3ビット左シフトすると8倍になります。

逆に、右シフトはすべての桁を指定された数だけ右に移動します。左シフトとは逆に、1ビット右シフトするたびに2分の1になります。上記で紹介した演算を実装すると、次のように計算できます。

実行結果　ビット演算の例

```
C:¥>python
>>> a = 0b10010
>>> print(bin(~a))          ←ビット反転
-0b10011
>>> b = 0b11001
>>> print(bin(a & b))       ←論理積
0b10000
>>> print(bin(a | b))       ←論理和
0b11011
>>> print(bin(a ^ b))       ←排他的論理和
0b1011
>>> print(bin(a << 1))      ←左シフト
0b100100
>>> print(bin(b >> 2))      ←右シフト
0b110
>>>
```

2.5 素数を判定する

- 数学ライブラリを使えるようになる。
- リスト内包表記を使えるようになる。

素数の求め方

多くの数学者が興味を持っている数に「素数」があります。素数は、1とその数以外に約数を持たない数のことです。たとえば、2の約数は1と2、3の約数は1と3、5の約数は1と5なので、2、3、5は素数です。しかし、4の約数は1、2、4であり、6の約数は1、2、3、6なので、1とその数以外に約数があるため、4や6は素数ではありません。

素数を小さいほうから順に並べると、次のように無数に存在することが知られています。

```
2, 3, 5, 7, 11, 13, 17, 19, 23, 29, 31, 37, 41, 43, 47, 53, 59, 61,
67, 71, 73, 79, 83, 89, 97, 101, 103, 107, 109, 113, 127, 131, 137,
139, 149, 151, 157, 163, 167, 173, 179, 181, 191, 193, 197, 199, …
```

ある数が素数かどうかを判定するには、約数の個数を調べます。約数は、その数以下の自然数で割って、割り切れるか調べると求められます。「10」の約数を見つけるには、1から順に10まで割ってみればいいのです。

10 ÷ 1 = 10 あまり 0 → 割り切れる
10 ÷ 2 = 5 あまり 0 → 割り切れる
10 ÷ 3 = 3 あまり 1 → 割り切れない

10 ÷ 4 = 2　あまり　2 → 割り切れない
10 ÷ 5 = 2　あまり 0 → 割り切れる
10 ÷ 6 = 1　あまり 4 → 割り切れない
10 ÷ 7 = 1　あまり 3 → 割り切れない
10 ÷ 8 = 1　あまり 2 → 割り切れない
10 ÷ 9 = 1　あまり 1 → 割り切れない
10 ÷ 10 = 1 あまり 0 → 割り切れる

1、2、5、10で割り切れたため、約数はこの4つです。ただし、10が素数であるか判定する場合には、1以外で割り切れる整数が見つかった時点で探索を終了できます。

10であれば2で割り切れることがわかれば、5で割り切れることも明らかです。実際には、その数の平方根まで探せば十分であることは、少し考えればわかります。10の平方根は3.1…なので、10が素数であるか判定するには、2と3で割って割り切れるかどうか調べれば十分です。

素数か調べるプログラムを作成する

まずは与えられた数が素数か判定する関数「`is_prime`」を作成してみましょう。与えられた数が素数であれば`True`（真）を、素数でなければ`False`（偽）を返す関数です（リスト2.17）。

平方根まで探すには、平方根を計算する関数が必要です。Pythonでは数学に関する多くの関数を持つ`math`というモジュールがあるため、これを読み込みます。平方根は`math.sqrt`という関数で求められます。

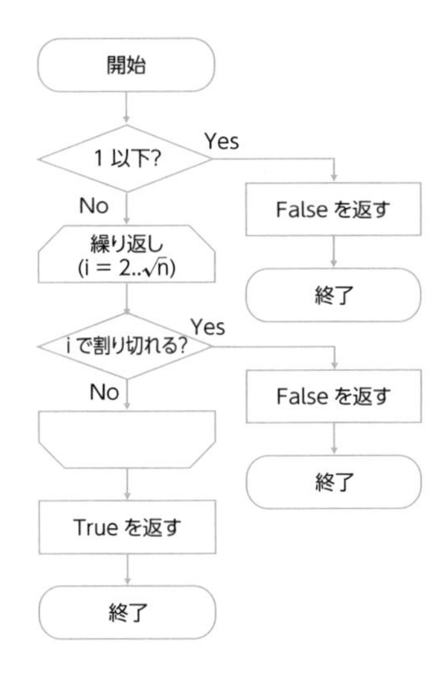

リスト 2.17　is_prime1.py

```
import math      ←平方根を求めるのに使う数学モジュールを読み込む

def is_prime(n):
    if n <= 1:
        return False
    for i in range(2, int(math.sqrt(n)) + 1):      平方根を計算する
        if n % i == 0:      ←割り切れるか判定
            return False    ←割り切れれば素数ではない
    return True             ←いずれの数でも割り切れなかったときは素数
```

まず、1以下は素数ではないため、最初に判定して`False`を返しておきます。2以上の場合は、2からその数の平方根までループを繰り返し、割り切れるか判定します。割り切れた場合は素数ではないので`False`を返します。いずれの数でも割り切れなかった場合は素数と判定し、`True`を返します。

ループの上端を＋1しているのは、Pythonのループは最後の数を含めないためでした。この関数を使って、1〜200の整数のうち、素数を出力するプログラムを作成してみます（リスト2.18）。

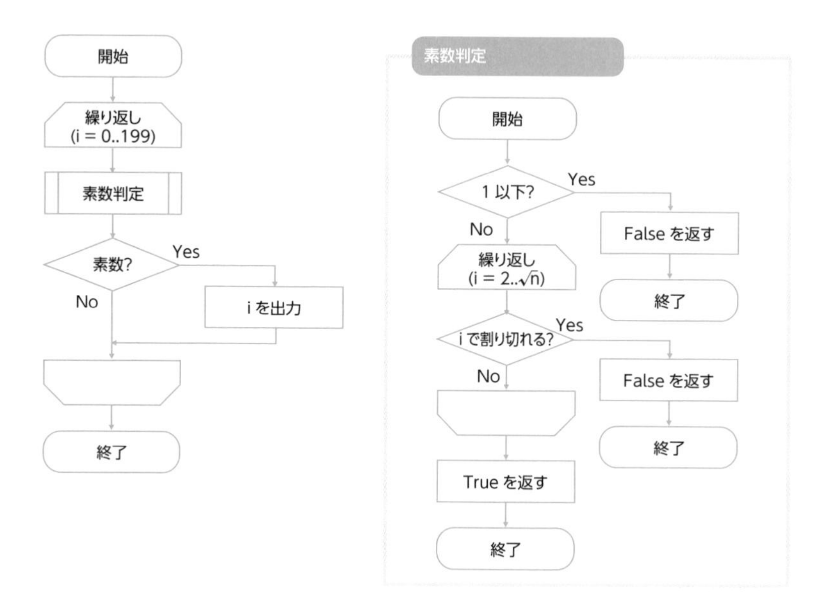

リスト2.18　is_prime2.py

```
import math

def is_prime(n):
    if n <= 1:
        return False
    for i in range(2, int(math.sqrt(n)) + 1):
        if n % i == 0:
            return False
    return True

for i in range(200):
    if is_prime(i):  ←上記で定義した関数を呼び出す
        print(i, end=' ')
```

実行結果　is_prime2.py（リスト2.18）を実行

```
C:¥>python is_prime2.py
2 3 5 7 11 13 17 19 23 29 31 37 41 43 47 53 59 61 67 71 73 79 83 89 ➡
97 101 103 107 109 113 127 131 137 139 149 151 157 163 167 173 179 ➡
181 191 193 197 199
```

※誌面の都合上➡で折り返しています。

この方法はシンプルですが、探索範囲が広くなると、それだけ処理に時間がかかります。手元の環境では、100,000までの素数を探すと0.5秒ほどかかりました。

高速に素数を求める方法を考える

効率よく素数を求める方法として「エラトステネスの篩(ふるい)」がよく知られています。これは、指定された範囲の中から2で割り切れる数、3で割り切れる数、…と割り切れる数を順に除外する方法です。

図2.4のように、まずは2の倍数を除外、次に3の倍数を除外、と繰り返すと、最後には素数だけが残る、という考え方です（リスト2.19）。

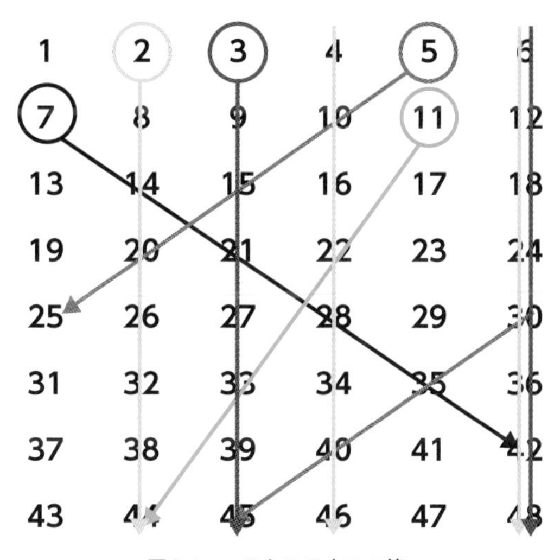

図2.4　エラトステネスの篩

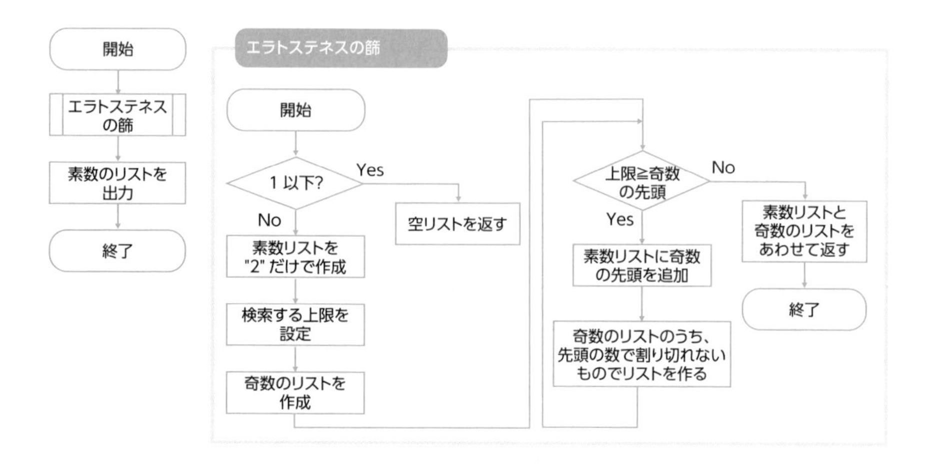

リスト2.19　eratosthenes.py

```
import math

def get_prime(n):
    if n <= 1:
        return []
    prime = [2]
    limit = int(math.sqrt(n))

    # 奇数のリストを作成
    data = [i + 1 for i in range(2, n, 2)]
    while limit >= data[0]:
        prime.append(data[0])
        # 割り切れない数だけを取り出す
        data = [j for j in data if j % data[0] != 0]

    return prime + data

print(get_prime(200))
```

この方法を使うと、同じように100,000までの素数を探す場合でも、かかる時間は0.1秒未満になりました。求める範囲が広くなると、この差はどんどん大きくなります。

SymPyライブラリ

PythonにはSymPyというライブラリがあり、これを使うとより簡単に素数を扱うことができます。SymPyは、次のようにAnacondaでのcondaコマンドだけでなく、pipコマンドなどを使って簡単にインストールできます（condaコマンドやpipコマンドについては付録Aで解説しています）。

SymPyライブラリのインストール

```
C:¥>conda install sympy
または
C:¥>pip install sympy
```

その上で、このライブラリを読み込むと、範囲を指定して素数を求めたり（リスト2.20）、与えられた数が素数か判定したり（リスト2.21）、といった処理が簡単にできます。

リスト2.20　sympy1.py

```
from sympy import sieve

print([i for i in sieve.primerange(1, 200)])    ←素数を求める
```

実行結果　sympy1.py（リスト2.20）を実行

```
C:¥>python sympy1.py
[2, 3, 5, 7, 11, 13, 17, 19, 23, 29, 31, 37, 41, 43, 47, 53, 59, 61, ➡
67, 71, 73, 79, 83, 89, 97, 101, 103, 107, 109, 113, 127, 131, 137, ➡
139, 149, 151, 157, 163, 167, 173, 179, 181, 191, 193, 197, 199]
C:¥>
```

※誌面の都合上➡で折り返しています。

リスト2.21　sympy2.py

```
from sympy import isprime

print(isprime(101))    ←素数の判定
```

実行結果　sympy2.py（リスト2.21）を実行

```
C:¥>python sympy2.py
True
C:¥>
```

2.6 フィボナッチ数列を作る

- 再帰を使って数列をプログラムで求める。
- メモ化によって処理を高速化する。

フィボナッチ数列とは？

数学的に多くの特徴を持つ数列に「フィボナッチ数列」があります。直前の2つの項を足し合わせてできる数列のことで、「1, 1, 2, 3, 5, 8, 13, 21, …」と無限に続きます（1+1=2、1+2=3、2+3=5、3+5=8、…）。

数式で表現すると、次の漸化式（ぜんかしき）[※3]のようになります。

$$a_1 = a_2 = 1$$

$$a_{n+2} = a_{n+1} + a_n \ (n \geq 1)$$

これだけではただの数列ですが、面白い特徴が多く知られています。たとえば、図形で考えると、図2.5のように正方形を小さいほうから2つ並べたものを1辺とする正方形を並べて長方形にする作業を繰り返すと、できあがる長方形の縦と横の長さがフィボナッチ数列になります（図2.5の正方形の中に書かれている数字は一辺の長さ）。

※3　数列において、前の数字と次の数字をつなぐ決まりを表す式。

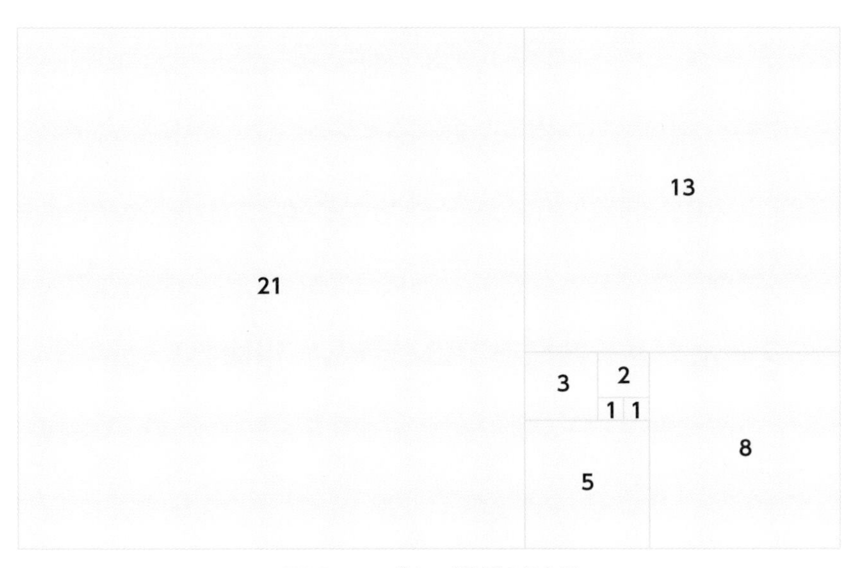

図2.5　フィボナッチ数列の長方形

これは、自然界でもオウムガイの渦巻きなどに現れ、この大きさで形作られる扇形がらせん状に沿って並んでいることが知られています（図2.6）。

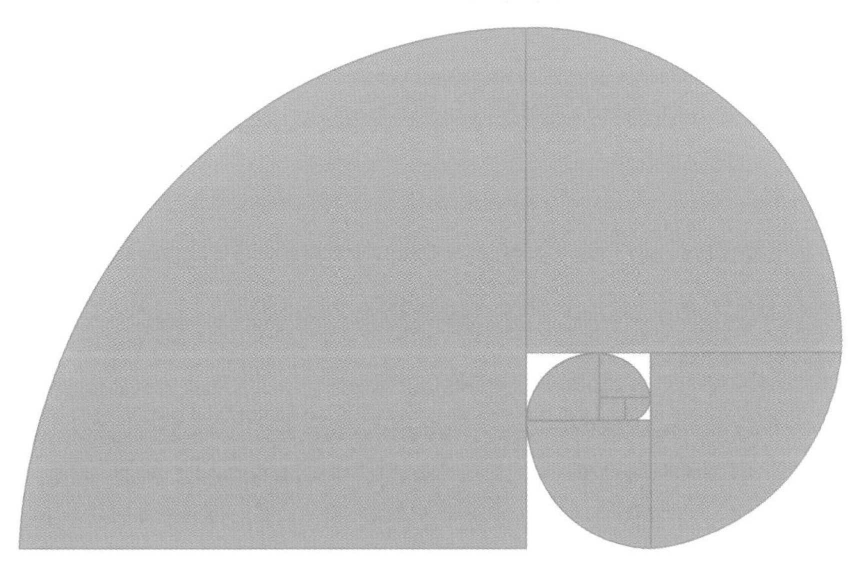

図2.6　オウムガイに現れるフィボナッチ数列

また、フィボナッチ数列で2つの項の比率（直前の数で割る）を調べてみると、$\frac{1}{1}, \frac{2}{1}, \frac{3}{2}, \frac{5}{3}, \frac{8}{5}, \frac{13}{8}, \frac{21}{13}, \cdots$なので、「1, 2, 1.5, 1.666, 1.6, 1.625, 1.615, …」と続きます。この値は1.61803…という値にどんどん近づいていき、「黄金比」と呼ばれています。

黄金比は、美しい比率として古くからよく見られており、ロゴなどのデザインでもよく使われています。

フィボナッチ数列をプログラムで求める

このフィボナッチ数列をプログラムで求めてみましょう。まず、数列の定義をそのままプログラムで表現します。フィボナッチ数列のn番目の数を求める関数はリスト2.22のように実装できます。

漸化式にあるように、最初の2つの項の場合は1を返し、それ以外の場合には前の2つの項の和を返す、という関数です。

リスト2.22　fibonacci1.py

```
def fibonacci(n):
    if (n == 1) or (n == 2):
        return 1
    return fibonacci(n - 2) + fibonacci(n - 1)
```

これは、関数の中から自身の関数を呼び出しています。このような書き方を「再帰」といいます。ここで、呼び出す関数での引数は、元の引数よりも小さな値を使うことがポイントです。つまり、大きな処理を小さな処理に分割して考えます。

処理内容は同じなので同じ関数を使いますが、そのサイズを小さくしていくことで、いつかは処理が終わります。

再帰を使うと、このようなプログラムは非常にシンプルに実装できることが知られています。ただし、処理を終わらせるために、終了条件の指定が必須です（終了条件がないと無限に処理が続いてしまう）。今回の場合は、n=1とn=2のときに処理を終了するように設定しています。

たとえば、n=6のときを考えてみましょう。プログラムはリスト2.23のように実装できます。

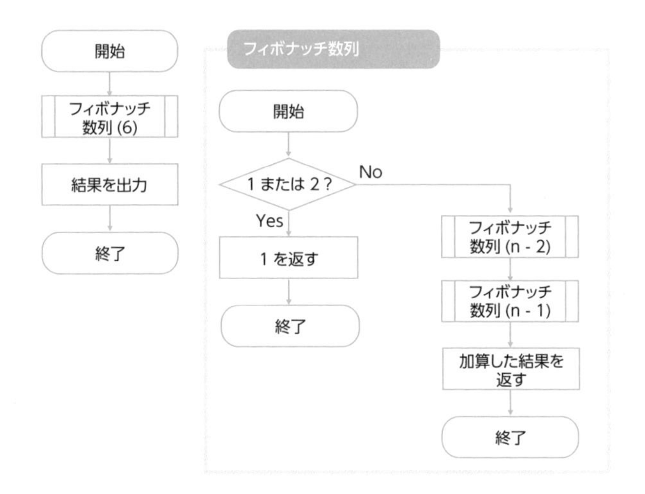

リスト2.23　fibonacci2.py

```
def fibonacci(n):
    if (n == 1) or (n == 2):
        return 1
    return fibonacci(n - 2) + fibonacci(n - 1)

print(fibonacci(6))
```

実行結果　fibonacci2.py（リスト2.23）を実行

```
C:¥>python fibonacci2.py
8
C:¥>
```

このとき、図2.7のように処理が行なわれます。fibonacciという関数が何度も呼び出されていることがわかります。

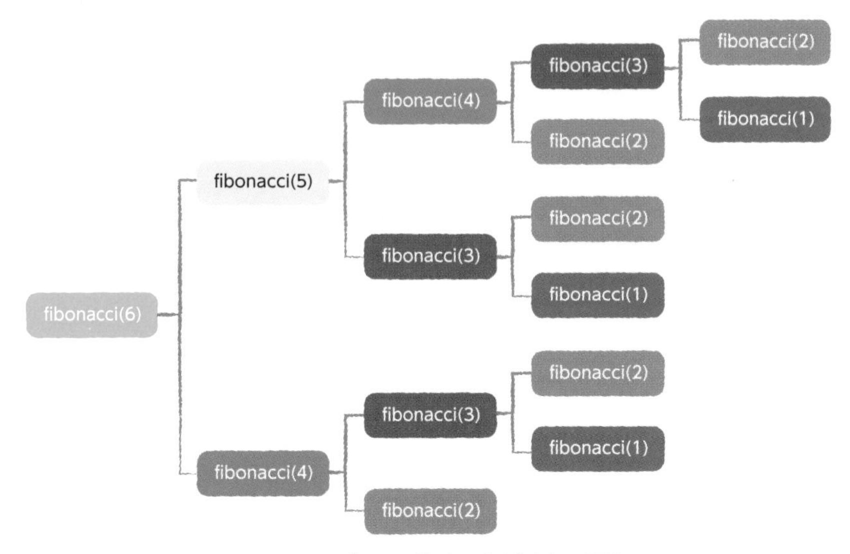

図2.7　フィボナッチ数列で呼び出される関数

右端にある`fibonacci(1)`や`fibonacci(2)`は終了条件としてともに1を返すように設定しているので、ここで計算が終わります。それぞれの結果を足し合わせることで、フィボナッチ数列の値を求められます。

この関数で問題なく求められますが、与える`n`が大きくなると処理に時間がかかります。たとえば、`n=35`くらいまでは数秒で求められますが、これ以上になると大幅に時間がかかります。

その理由は、同じ値を何度も計算しているからです。あらためて図2.7を見ると、`fibonacci(4)`という処理は2回実行されており、`fibonacci(3)`は3回実行されています。

しかし、`fibonacci(4)`という関数が返す値は何度実行しても同じです。つまり、一度実行したときにその結果を記録しておけば、2度目は実行する必要がありません。

メモ化によって処理を高速化する

上記の問題を解消するため、処理結果を記録するようにしてみます。リスト2.24のように書き換えてみましょう。

リスト2.24　fibonacci3.py

```
memo = {1: 1, 2: 1}          ←辞書に終了条件の値を入れる
def fibonacci(n):
    if n in memo:
        return memo[n]       ←辞書に登録されていれば、その値を返す

    memo[n] = fibonacci(n - 2) + fibonacci(n - 1)  ←辞書に登録がなければ計算
    return memo[n]                                   して辞書に登録する
```

まず、memoという辞書（連想配列）に終了条件の値を入れています。関数fibonacciの中では、memoに存在すれば値を返し、存在しなければ計算してmemoに入れます。その上でmemoに入れた値を返します。

このように変更すると、一度計算した値は保存しておけるため、2度目は保存されている値を使うだけです。この方法であれば、n=40でも50でも100でも一瞬で求められます（非常に大きな値になりますが）。

このような手法を「メモ化」と呼び、パズルなどの問題を解くときにはよく使われます。なお、再帰を使わずに、ループで求める方法もあります。フィボナッチ数列のように簡単な問題の場合は、リストに順に追加していくだけで、簡単に計算できます。

たとえば、ループを使う場合はリスト2.25のように実装できます。

リスト2.25　fibonacci4.py

```
def fibonacci(n):
    fib = [1, 1]
    for i in range(2, n):
        fib.append(fib[i - 2] + fib[i - 1])

    return fib[n - 1]
```

このように、同じ結果を求めるときにも、さまざまな実装方法があります。その評価にも、処理速度だけでなくソースコードの保守性（読みやすさ、修正のしやすさ）などのさまざまな基準が考えられます。はじめのうちはどれがよいか悩むかもしれませんが、複数の方法で実装してみて、さまざまな視点から比べてみるようにしましょう。

なお、今後の章では処理速度を中心に、アルゴリズムを比較していきます。

理解度Check！

●問題1　1950年から2050年までの間にある「うるう年」を出力するプログラムを作成してください。
なお、うるう年は次の条件で判定できます。

・4で割り切れる年はうるう年
・ただし、100で割り切れて400で割り切れない年はうるう年でない

たとえば、2019は4で割り切れないため、うるう年ではありません。
2020は4で割り切れ、100では割り切れないのでうるう年です。
2000は4で割り切れ、100で割り切れて400で割り切れるのでうるう年です。

●問題2　西暦の年が引数で与えられたとき、元号に変換して出力する関数を作成してください。
与えられる西暦の年は1869以上2020以下に対応するものとします。
なお、昭和64年→平成1年、平成31年→令和1年のように、同じ年に複数の元号が考えられる場合は、後の元号で出力するものとします。
たとえば、2000が引数で与えられたとき、出力は「平成12年」となります。

和暦	西暦
明治元年	1868年
大正元年	1912年
昭和元年	1926年
平成元年	1989年
令和元年	2019年

計算量について学ぶ

3.1　計算コストと実行時間、時間計算量
3.2　データ構造による計算量の違い
3.3　アルゴリズムの計算量と問題の計算量

3.1 計算コストと実行時間、時間計算量

✔ ループの深さによって処理時間が変わることを知る。
✔ 計算量やオーダーの表記を理解する。

第2章で基本的なプログラムの書き方について学びました。この章では、プログラムの処理手順の違いによる処理時間を考え、その測定方法や考え方などについて解説します。

良いアルゴリズムとは？

問題を解く手順のことをアルゴリズムといいますが、同じ問題でもそれを解くアルゴリズムは複数存在します。そして、アルゴリズムによって計算時間は大きく変わります。同じアルゴリズムでも、そのアルゴリズムの実行時間は入力データの量によって大きく変わります。

たとえば、10件のデータでは一瞬で処理ができても、1万件のデータでは処理に時間がかかることは容易に想像できます。

ここで、どのくらい処理時間が変わるのかを考えます。データ量が10倍、100倍になったときに処理時間も10倍、100倍になるのか、100倍、1万倍になるのか、それによってアルゴリズムの良さを比較できます。

データ量が多くなってもあまり処理時間が増えないようなアルゴリズムは、「良いアルゴリズム」だと考えられます。同じ入力に対して同じ出力を返す2つのプログラム（アルゴリズムA、B）を比べたとき、与えられる入力のデータ量nに対する処理時間が次のようになったとします。

- アルゴリズムAはn^2に比例して処理時間が増加する
  （入力されるデータ量が1,2,3, …というペースで増加したときに、処理時間が1,4,9, …というペースで増加する）
- アルゴリズムBはnに比例して処理時間が増加する
  （入力されるデータ量が1,2,3, …というペースで増加したときに、処理時間が1,2,3, …というペースで増加する）

データ量が増えたときの処理時間を考えると、図3.1のようなグラフになり、Aはデータ量が増えると処理時間が急速に増加します。たとえば、データ量が1件のときはAもBも処理時間は1ですが、データ量が10件のときの処理時間を考えるとBは10でAは100に、データ量が100件になるとBは100でAは10,000になってしまいます。このため、処理時間があまり増えないBのほうが良いアルゴリズムだといえます。

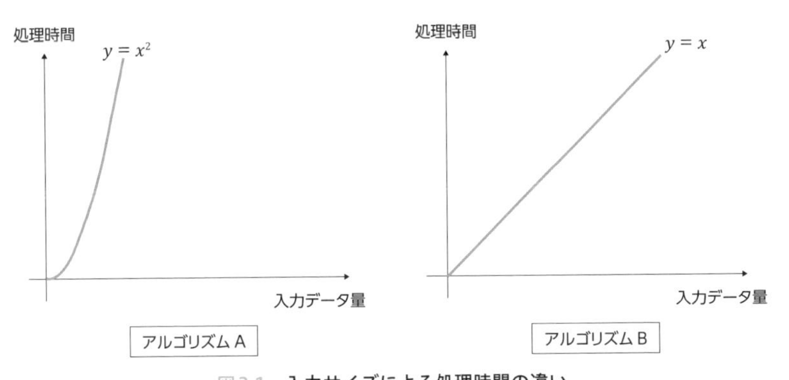

図3.1　入力サイズによる処理時間の違い

あるアルゴリズムを使ったときに、入力の大きさの変化によってアルゴリズムの計算時間がどのくらい変わるのかを事前に把握することは大切です。事前に把握しておかないと、運用を開始した最初のうちはデータ量が少なく、一瞬で処理が終わっても、しばらく経つと処理に長時間かかって仕事にならないことも考えられます。

処理時間の増え方をどうやって調べるか？

アルゴリズムを比較するときに、すぐに思いつくのは、実際にプログラムを作成して実行してみることです。プログラムを作って実際に実行すると、処理にかかる時間は簡単に測定できます。

データを10件、100件、1000件と増やしながら実行し、かかった時間を測定すれば、処理時間の変化の度合いを調べられます。入力のデータ量がどの程度増えると計算時間がどの程度増えるのか、その傾向が見えてきます。しかし、この方法には問題があります。

まず、実装してみないとそのアルゴリズムの良し悪しがわかりません。これは設計段階で適切なアルゴリズムを選択できないことを意味します。作ってみないと処理時間がわからないのであれば、開発してから問題があった場合に修正する時間が取れず、納期が間に合わない可能性もあります。

実行するコンピュータを変えると処理にかかる時間が変わる、という問題もあります。開発者のコンピュータは高性能なため1秒で実行できても、利用者のコンピュータでは10秒かかるかもしれません。

同じことが、プログラミング言語を変えても発生します。同じアルゴリズムをC言語で実装すると高速に処理できても、Pythonのようなスクリプト言語だと処理に時間がかかります。

このように環境や言語が異なるだけで処理時間が変わることは、アルゴリズムとは関係ない部分のため、性能を評価する指標としては使えません。

アルゴリズムの性能を評価する計算量

環境や言語に依存せずにアルゴリズムを評価するために、「計算量」という考え方が使われます。「量」という言葉が使われますが、英語では「Computational Complexity」といわれるように計算の複雑さを表現する言葉です。計算量には、「時間計算量」や「空間計算量」などがあります（図3.2）。

時間計算量は処理にどれくらいの時間がかかるかを指すのに対し、空間計算量はメモリなどの記憶容量をどれくらい必要とするかを指します。たとえば、素数を求めるプログラムであれば、事前に素数の表を作成しておけば処理にかかる時間は一瞬ですが大量のメモリを使用します。

処理にどのくらい時間がかかるか

記憶容量がどのくらい必要か

時間計算量　　空間計算量

図3.2　時間計算量と空間計算量

一般に「計算量」といった場合には、時間計算量を意味します。本書でも、今後「計算量」と書いた場合は時間計算量のことを意味します。

なお、時間計算量や空間計算量以外にも、通信計算量や回路計算量などがあります。興味がある人はぜひ調べてみてください。

時間計算量は、命令を実行した回数を調べることで求められます。実際には正確な回数は数えられませんが、「ステップ数」という基本単位を使います。つまり、処理を終了するまでにその基本単位を何回実行したかを調べて計算時間とする方法です。

FizzBuzzの計算量を調べる

簡単な例として、第2章で解説したFizzBuzzを考えてみましょう。最初のプログラムはリスト3.1のように実装しました。

リスト3.1　fizzbuzz1.py

```
for i in range(1, 51):
    print(i, end=' ')    ←1から50までの値を順に出力
```

`for`ループを1から50まで繰り返す間に、`print`文はループの中で1回ずつ実行されます。`print`文を1回実行するのにかかる時間をaとすると、全部で$a \times 50$の時間がかかります。

さらに、最終的なプログラムを見てみましょう（リスト3.2）。

リスト3.2　fizzbuzz5.py

```
for i in range(1, 51):
    if (i % 3 == 0) and (i % 5 == 0):
        print('FizzBuzz', end=' ')
    elif i % 3 == 0:
        print('Fizz', end=' ')
    elif i % 5 == 0:
        print('Buzz', end=' ')
    else:
        print(i, end=' ')
```

`print`文を1回実行するのにかかる時間をa、`if`文で条件を判定するのにかかる時間をbとすると、全体の処理時間は$(a+b) \times 50$となります。

掛け算の計算量を調べる

次に、九九のような掛け算をするプログラムを考えてみましょう。2つの数を順に掛け算し、その答えとともに出力するには、リスト3.3のようなプログラムが考えられます。

リスト3.3　multi1.py

```
n = 10
for i in range(1, n):        ←1つ目の数を1からnまで繰り返す
    for j in range(1, n):    ←2つ目の数を1からnまで繰り返す
        print(str(i) + '*' + str(j) + '=' + str(i * j))  ←掛け算の答えを出力
```

実行結果　multi1.py（リスト3.3）を実行

```
C:¥>python multi1.py
1*1=1
1*2=2
1*3=3
1*4=4
1*5=5
1*6=6
1*7=7
1*8=8
1*9=9
2*1=2
2*2=4
2*3=6
…
9*5=45
9*6=54
9*7=63
9*8=72
9*9=81
C:¥>
```

この場合、ループが二重になっており、内側のループでn回、さらにそれぞれに対して外側のループでn回処理を実行します。つまり、掛け算と`print`文を1回実行するのにかかる時間をcとすると、内側のループを掛けて$c \times n$回、さらに外側のループも掛けると全部で$c \times n \times n = cn^2$の時間がかかります。

FizzBuzzはループが1回だけだったので、比較するとnが大きくなったときに急激にステップ数が多くなることがわかります（図3.3）。

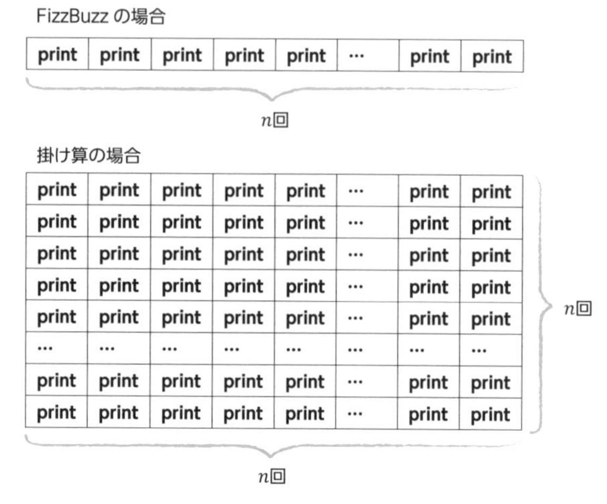

図3.3　FizzBuzzの計算量と掛け算の計算量のイメージ

「体積を求める計算量」を調べる

さらに、直方体の体積の一覧を求めるような計算を考えてみましょう。縦、横、高さという3つの長さが与えられたとき、その直方体の体積は、縦×横×高さを掛け算して求められます（図3.4）。

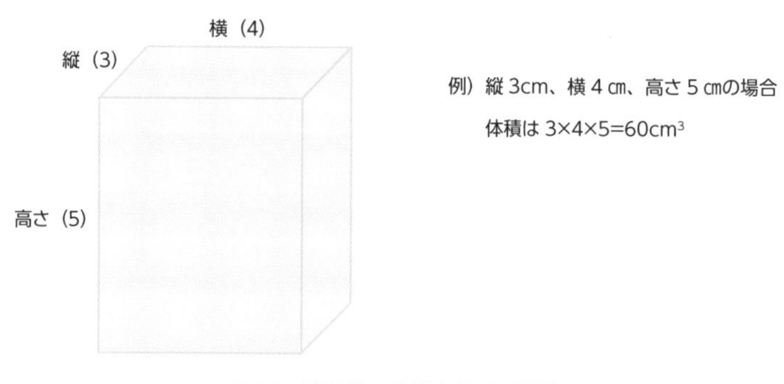

図3.4　直方体の体積を求める計算

これを縦、横、高さの長さを変えながら、それぞれの体積を求めるプログラムを実装すると、リスト3.4のように書けます。

リスト3.4 multi2.py

```
n = 10

for i in range(1, n):             ←縦の長さを1からnまで
    for j in range(1, n):         ←横の長さを1からnまで
        for k in range(1, n):     ←高さを1からnまで
            print(str(i) + '*' + str(j) + '*' + str(k) + \
                  '=' + str(i * j * k))  ←体積を出力
```

実行結果 multi2.py（リスト3.4）を実行

```
C:¥>python multi2.py
1*1*1=1
1*1*2=2
1*1*3=3
1*1*4=4
1*1*5=5
…
9*9*5=405
9*9*6=486
9*9*7=567
9*9*8=648
9*9*9=729
C:¥>
```

このプログラムで3行目からのループは三重になっているので、それぞれについてn回実行します。掛け算と出力にかかる時間をdとすると、この部分は$d \times n \times n \times n = dn^3$の時間がかかります（図3.5）。

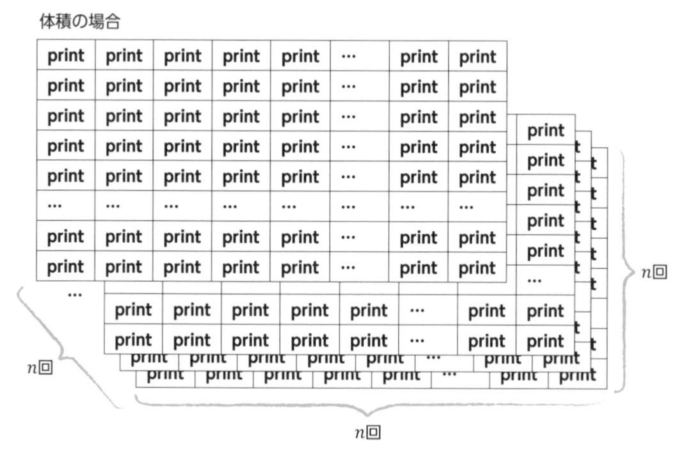

図3.5　体積の計算量のイメージ

計算量を比較する

リスト3.2、リスト3.3、リスト3.4の処理において、printやifなど1つの命令の実行にかかる時間は入力データの量とは無関係です。入力により変わるのはデータの量nで、nを大きくすればするほどその影響が大きくなります。つまり、データ量によって計算時間が変わらない処理は、計算量を比較する上では無視できます。

また、掛け算と体積を求める処理を1つのプログラムにまとめた場合、処理に長い時間がかかるのは体積を求める処理です。nが小さい間はそれほど処理時間に違いはありませんが、n=10だと掛け算は100に対して体積は1000、n=100だと掛け算は10,000に対して体積は1,000,000となります。このような場合、掛け算にかかる処理時間は微々たるものとして無視できます。

このように全体の計算量に大きな影響がない部分を無視して、計算量を記述する方法に「オーダー記法」があり、「O（オー）」という記号を使います。この記号は「ランダウの記号」と呼ばれることもあります。

たとえば、FizzBuzzはO(n)、掛け算はO(n^2)、体積の計算はO(n^3)と表現します。このように表現することで、O(n^2)とO(n)の2つのアルゴリズムがあった場合、O(n)のアルゴリズムの計算時間が短いことがすぐわかるのです。

また、入力の大きさnの変化に対して、計算時間がどの程度変わってくるのかが想像できます。複数のアルゴリズムを比べるときに、その処理時間をざっくりと把握できるのです（表3.1）。

表3.1　オーダーの比較

処理時間	オーダー	例
短い	O(1)	リストへのアクセスなど
↑	O(log$n$)	二分探索など
	O(n)	線形探索など
	O(n log$n$)	マージソートなど
	O(n^2)	選択ソート、挿入ソートなど
	O(n^3)	行列の掛け算など
↓	O(2^n)	ナップサック問題など
長い	O(n!)	巡回セールスマン問題など

※logについてはp.121・122で解説。

なお、ここではステップ数を`for`や`while`によるループ回数だとざっくり計算しています。基本的にはこの考え方で問題はありませんが、数学的にきっちりと定義したい場合には、チューリングマシンなどを使って「計算」という考え方を定義する必要があります。この部分は専門書の範囲になるため、本書では割愛します。

最悪時間計算量と平均時間計算量

似たような入力が与えられても、プログラムの内容によっては処理にかかる時間が大幅に異なる場合があります。

たとえば、素数を求める場合、1,000,000が素数かどうか判定するのは一瞬です。1,000,000は偶数なので、2で割った時点で素数でないことがわかるからです。しかし、1,000,003が素数であるかを確認するには、2から順に1,000まで割ってみないと判断できません。そして、いずれでも割り切れず、素数であることがわかります。

このように、データによって計算量が大幅に変わる場合があるため、最も時間がかかるデータにおける計算量を考えます。これを「最悪時間計算量」といいます。アルゴリズムの性能を考える場合は、多くの場合、この最悪時間計算量を基準に考えます。

また、さまざまなデータを考えたとき、平均的にどのくらいの計算量になるか考える指標に「平均時間計算量」があります。最悪時間計算量になるデータが非常に少ない場合など、ほとんど発生しない場合には平均時間計算量を使うこともあります。

3.2 データ構造による計算量の違い

- リスト（配列）と連結リストのデータ構造の違いを知る。
- 読み取り、挿入、削除における計算量の違いを知り、適切なデータ構造を選べるようになる。

連結リストの考え方

同じ型のデータを複数格納する場合、多くの場合はリスト（要素追加・削除できる配列）を使います。しかし、扱うデータの内容と、処理するアルゴリズムによってはリストよりも良いデータ構造があります。

たとえば、図3.6のような連結リスト（リンクリスト）という考え方があります。連結リストでは、1つの要素にデータを格納するだけでなく、次の要素のアドレス（位置）をあわせて持ちます。

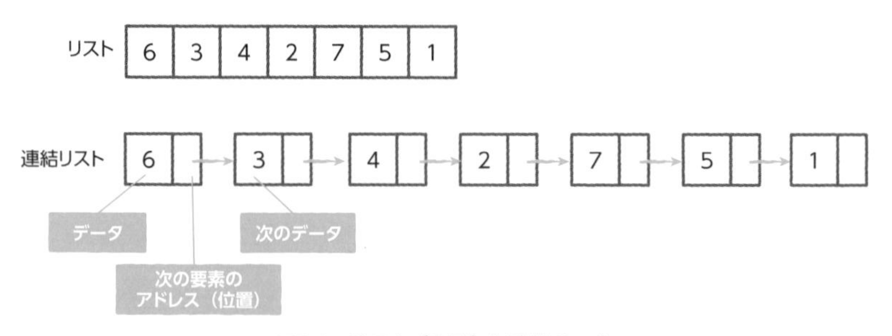

図3.6　リスト（配列）と連結リスト

連結リストでは、ある要素にアクセスすると、そのデータだけでなく次の要素のアドレスがわかります。そのアドレスをたどると、次の要素のデータとさらに次の要素のアドレスがわかります。

連結リストでの挿入

リストにデータを挿入する場合、挿入する位置以降にあるデータを1つずつ後ろに動かす必要があります。たとえば、図3.7のように処理します。

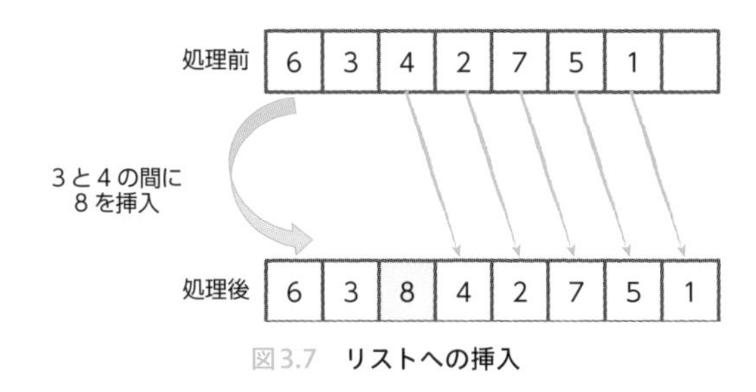

図3.7 リストへの挿入

つまり、n個の要素が格納されているリストでは、ループを繰り返して最大でn個の値を移動する必要があるので、リストに挿入する計算量は$O(n)$です。

しかし、連結リストの場合は要素を移動する必要はありません（図3.8）。挿入したい位置の前にある要素が指している次の要素へのアドレスをAとすると、挿入する要素の次の要素へのアドレスとしてAを設定します。さらに、前の要素が指している次の要素へのアドレスを、挿入した要素のアドレスに変更します。

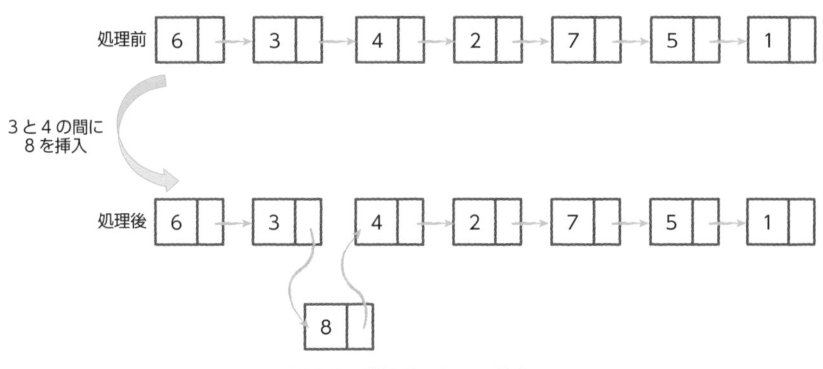

図3.8 連結リストへの挿入

これにより、どれだけ要素が多くても一定時間の処理で実現できます。つまり、連結リストでの挿入にかかる計算量は$O(1)$です。

連結リストでの削除

同様に、要素を削除することを考えましょう。リストから要素を削除する場合、削除した位置が空白になってしまうため、それより後ろにあるデータを1つずつ前に動かす必要があります（図3.9）。

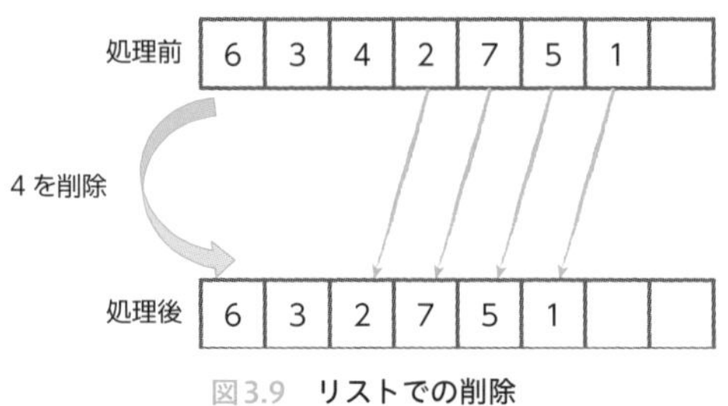

図3.9　リストでの削除

つまり、リストで削除にかかる計算量は挿入と同じくO(n)です。

しかし、連結リストの場合は、削除でも要素を移動する必要はありません。たとえば、図3.10の場合、「4」が入っている要素を削除するには、「4」が持っている次の要素（「2」）のアドレスを、直前の要素である「3」が持っている次の要素のアドレスにセットします。「3」と「2」がつながり、「4」がなかったことになるため、これだけで削除できます。

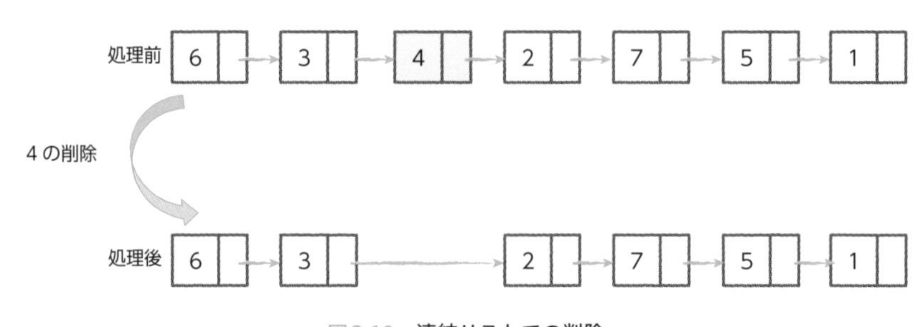

図3.10　連結リストでの削除

つまり、連結リストでの削除にかかる計算量はO(1)です。

連結リストでの読み取り

挿入や削除といった処理だけを考えると連結リストは効率的なデータ構造のように見えますが、実際にはメリットだけでなくデメリットもあります。たとえば、データの読み取りを考えてみましょう。

先頭からn番目の要素を読み取るプログラムは、リストであればその要素番号を指定して読み取れます。つまり、インデックスを指定しての読み取りの計算量はO(1)です。

一方で、連結リストを使ってn番目の要素を読み取る場合、先頭から順にたどってn個までカウントしながら読み取る必要があります。つまり、連結リストでインデックスを指定して読み取る計算量はO(n)で、データの数が増えれば増えるほど処理時間が増加します。

リストと連結リストの使い分け

上記を整理すると、それぞれの計算量は表3.2のようになります。

表3.2　リストと連結リストの計算量の比較

	読み取り	挿入	削除
リスト	O(1)	O(n)	O(n)
連結リスト	O(n)	O(1)	O(1)

連結リストの挿入や削除でも、O(1)で処理できるのは挿入・削除する位置が特定できているときだけです。その位置が特定できていない場合は、その位置を探すために、O(n)の処理時間が必要です。

そこで、リストと連結リストは、扱うデータの内容や処理によって使い分けられます。任意の位置のデータに直接アクセスして読み出すだけの場合や、その位置のデータを更新する処理が多い場合は、リストを使うほうが良いでしょう。

一方、前から順に処理するだけの場合や、データの追加や削除が頻繁に発生する場合は、連結リストを使うと良いでしょう。

3.3 アルゴリズムの計算量と問題の計算量

- 同じ問題でも、解き方によって処理にかかる時間が異なることを理解する。
- コンピュータでも解けないような難問があることを知る。

計算量のクラスとは？

計算量は、あくまでも作成したアルゴリズムでのステップ数によるものです。たとえば、行列の掛け算を求めるような場合、上述した$O(n^3)$よりも効率的なアルゴリズムの存在が知られています。

素数を求めるプログラムの場合も、通常の方法とエラトステネスの篩のアルゴリズムではオーダーが異なります。事前に素数の表を一覧として用意しておくと、時間計算量は$O(1)$で求められますが、空間計算量が大きくなります。

このように、オーダー記法を時間計算量で考えると、「アルゴリズムの計算量」と「問題の計算量」は異なります。ここで、計算の難しさをクラス分けしたものに、「計算量クラス」という考え方があります。計算量クラスの基本的なものが「時間計算量クラス」です。

たとえば、$O(t)$時間計算量クラスは、時間計算量が$O(t)$になる問題の全体のことで、時間計算量がある決まった関数以下である集合のクラスだといえます。

直感的には、時間計算量の大小によって問題を分類できます。たとえば、$O(n)$や$O(n^2)$、$O(n^3)$のような、指数部分（nの右肩に乗っている数字）が整数で表されるものを多項式時間のオーダーといい、多項式時間のオーダーで処理できるようなクラスを「クラスP」と呼びます。

指数関数時間のアルゴリズムとは？

多項式時間で処理できれば、最近のコンピュータを使うとある程度の規模まではそれなりに解けますが、指数部分（右肩に乗っている部分）にnが使われる$O(2^n)$のようなものを指数関数時間のアルゴリズムといい、この場合は、nが少し大きくなるだけで処理時間が大幅に増加します。

よく挙げられる例に「ナップサック問題」があります。これは、重さと価値が指定された品物を、その重さが指定された重量以下になるように選び、価値を最大にする問題です。

たとえば、表3.3のような5つの品物がある場合を考えます。ナップサックに入れられる重さの上限が15kgのとき、品物の合計金額が最大になるものを選びます。ただし、それぞれの品物は1つずつしか選べないものとします。

表3.3　ナップサック問題の例

品物	A	B	C	D	E
重さ	2kg	3kg	5kg	6kg	8kg
価格	400円	200円	600円	300円	500円

大きなものから選んでみると、DとEの場合は14kgなので条件を満たし、このときの金額は800円です。しかし、B、C、Dの3つを選ぶと同じ14kgですが金額は1,100円となり、こちらのほうが大きくなります。

最大になるものを考えると、A、C、Eの3つを選んだときで、15kgの条件を満たしつつ合計金額は1,500円となります。

上記のような5つ程度を処理するだけであれば、手作業でも解けそうですが、実際に全パターンを調べようとすると、Aを入れるかどうか、Bを入れるかどうか、というようにn個の品物があると2^n通りのチェックが必要になります。これは、$O(2^n)$のアルゴリズムです。

このように品物が1つずつしか選べない問題は「0-1ナップサック問題」とも呼ばれ、より効率的なアルゴリズムがいくつか知られているので、ぜひ調べてみてください。

階乗の計算が必要なアルゴリズム

指数関数よりもさらに計算量が急増するものに、$O(n!)$のアルゴリズムがあります。

$n!$は「nの階乗」のことで、$n \times (n-1) \times (n-2) \times \cdots \times 2 \times 1$といった計算で求められます。

2^nとの増え方を比較すると、表3.4のようになり、nが増えると急激に大きくなることがわかります。2^nのような指数関数のアルゴリズムでも、現在のコンピュータではnが増えると処理できないため、階乗のアルゴリズムを解くことは現実的ではないでしょう。

表3.4　**指数と階乗での増加量**

n	3	5	7	9	11
2^n	8	32	128	512	2,048
$n!$	6	120	5,040	362,880	39,916,800

階乗のオーダーで表されるアルゴリズムの例として、「巡回セールスマン問題」が知られています。これは、n個の都市があり、それぞれの都市間の距離がわかっているときに、すべての都市を訪れて最初の都市に戻るまでの最短の移動距離を求める問題です。

たとえば、A、B、C、Dという4つの都市があり、その間の距離が図3.11のように定められていたとします。

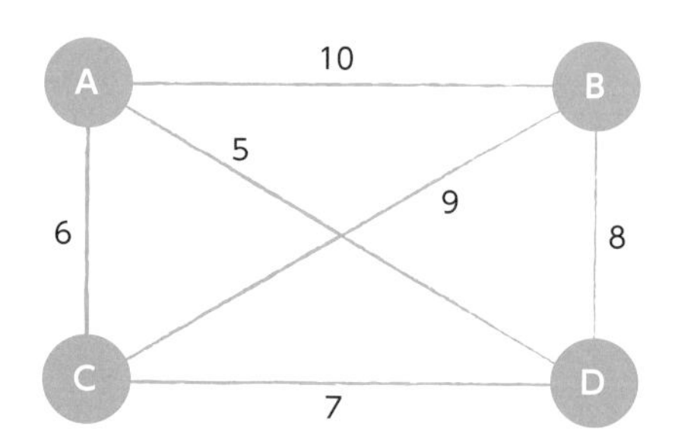

図3.11　**巡回セールスマン問題の例**

この場合、A→B→C→D→Aの順で移動すると、その移動距離（10＋9＋7＋5）は31です。一方、A→C→B→D→Aの順で移動すると、その移動距離（6＋9＋8＋5）は28となり、最短になります。

都市が4つであればすべて調べても大した量ではありませんが、都市の数が増えるとその経路は膨大になります。都市がn個あると最初はn通り、次は選んだ都市を除いた$n-1$通り、というように順に減っていくので、結局$O(n!)$という処理時間が必要になるのです。

難しいP≠NP予想

巡回セールスマン問題では、$O(n!)$よりも効率的なアルゴリズムはいくつか知られていますが、十分に高速に求められる（多項式時間で解けるような）アルゴリズムは見つかっていません。このような問題は「NP困難問題」に属するとされています。

クラスPは、多項式時間のオーダーで処理可能なクラスでした。NP困難問題は、クラスNPに属する問題と同程度以上に難しい問題のことです。ここで、クラスNPは非決定性多項式時間のオーダーで処理可能なクラスのことです。

詳細は割愛しますが、このクラスNPについては、現時点では効率的なアルゴリズムは知られていません。そして、クラスPとクラスNPが等しくないという予想があり、「P≠NP予想」と呼ばれています。これは数学における極めて重要な未解決問題の1つで、ミレニアム懸賞問題に選ばれています。

もし巡回セールスマン問題のようにNP困難な問題を多項式時間で解くアルゴリズムが存在した場合、P=NPが成り立ちます。しかし、多項式時間で解くアルゴリズムは存在しないと信じられています。

多くの数学者がP=NP、P≠NPの両方の証明といわれるものを出していますが、現時点ではまだ答えは出ていません。もしP=NPのような証明ができてしまうと、RSA暗号のように素因数分解の難しさに注目した暗号方式などは破れられてしまうことになるため、その動向には注目しておきたいものです。

理解度Check！

●問題1　次の3つのプログラムの計算量をそれぞれ考えてください。

(1)

```
# 身長と体重からBMI（肥満度を示す体格指数）を求める関数
def bmi(height, weight):
    # 身長(cm)の単位をmに変換
    h = height / 100
    return weight / (h * h)
```

(2)

```
# 円周率πの近似値を求める関数
# （n×nの正方形のうち、扇型の範囲内に入る数を数える）
def pi(n):
    cnt = 0
    for i in range(n):
        for j in range(n):
            # 三平方の定理により扇型の内部か判定
            if i * i + j * j <= n * n:
                cnt += 1
    # 扇型から円に変換するため4倍する
    return cnt * 4 / (n * n)
```

(3)

```
# 円周率πの近似値を求める関数
# （πは4 - 4/3 + 4/5 - 4/7 + 4/9 - 4/11 + …という式で求められる）
def pi(n):
    result = 4
    plus_minus = -1
    for i in range(1, n):
        result += plus_minus * 4 / (i * 2 + 1)
        # 符号を反転する
        plus_minus *= -1

    return result
```

いろいろな探索方法を学ぶ

4.1 線形探索
4.2 二分探索
4.3 木構造での探索
4.4 さまざまな例を実装する

4.1 線形探索

✔ リストから目的の値を見つけられるようになる。
✔ データ量が多い場合の問題点を体験する。

多くのデータの中から欲しいデータを見つけることを「探索」といいます。私たちの生活の中でも、欲しいものを見つけるために探す場面はよくあります。そして、その探し方は探すものや量によって変わってきます。
実際にどのような探索方法があるのか知っておきましょう。

日常生活における探索を知る

探索を行なうのはプログラミングに限った話ではありません。まず、日常生活における探索について考えてみましょう。
財布の中に入っている小銭の中から100円玉を探すときを思い浮かべてみてください。人間は色を認識できるため、銀色の硬貨を探します。しかし、銀色の硬貨は他にも50円玉や500円玉もあります。多くの人は財布の中にそれほど多くの硬貨が入っていないので、1枚ずつ順に見てもすぐに見つかるでしょう。
辞書や電話帳の中から特定のキーワードを探す場合を考えてみると、五十音順に並んだ中から、開いたページより前か後ろかで判断しながらページをめくっていくでしょう。
一方、書店に行って目的の本を見つけるときを考えてみましょう。多くの本の中から色で探すのは大変ですし、1冊ずつ探していては日が暮れてしまいます。タイトルの順番に並んでいるわけでもないので、多くの場合は目的の本のジャンルで棚を最初に探して、その中から絞り込んでいくでしょう。

このように、どのようなものを探すのかによって私たちが選ぶ方法は異なります。しかし、どの場合でもすべてを並べて順に探していくと、（必要な時間さえ考えなければ）いずれは求めるものを見つけることは可能です。

プログラミングにおける探索とは？

プログラミングでも探索の考え方は同じで、データをリストに格納していたとき、そのリストの先頭から順にリストの最後まで調べていけば、いつかは欲しいデータが求められます。もしデータが存在しなくても、最後まで調べることで「存在しない」ということがわかります。

この方法を「線形探索」といいます。順番に調べるだけなので、プログラムの構造が非常にシンプルで実装も簡単ですし、データの数が少ない場合には有効な方法です。

たとえば、図4.1のようなリストから目的の値「40」を探すプログラムを作成してみましょう。最初に「50」と比較し、一致すれば探索を終了します。異なれば次の数「30」と比較し、一致すれば探索を終了します。この作業を繰り返すと、「40」と比較したときに一致し、探索を終了できます。

図4.1　リストから目的の値「40」を探す

プログラムでこれを処理するために、まずはデータをリストに格納します。

```
data = [50, 30, 90, 10, 20, 70, 60, 40, 80]
```

次に、リストの先頭から順にループしながら、目的の値「40」が見つかるまで探します。見つかった時点でその位置を出力し、処理を終了します。見つからなかった場合は「`Not Found`」と出力して処理を終了するものとします。

Pythonでリストの要素を順に処理する場合は、`range`関数でリストの要素の数だけ繰り返すのが簡単です（リスト4.1）。

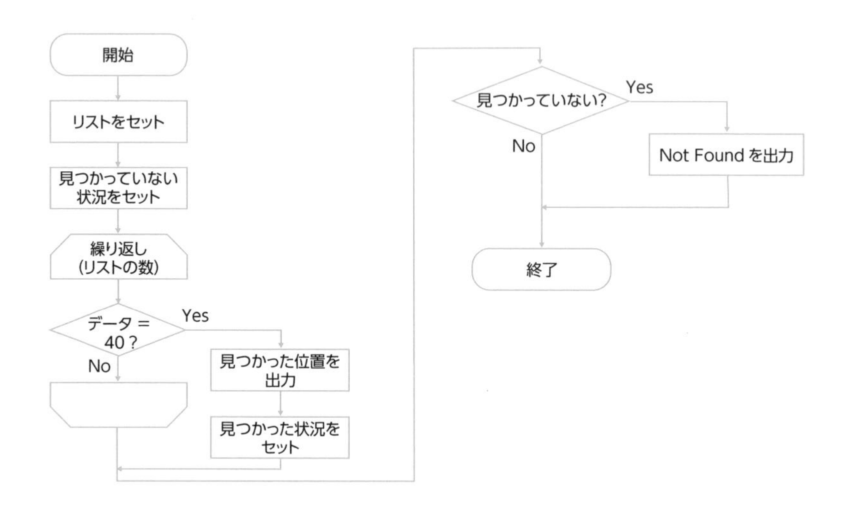

リスト4.1　linear_search1.py

```
data = [50, 30, 90, 10, 20, 70, 60, 40, 80]
found = False              ←処理状況を管理する（初期値はFalse）
for i in range(len(data)):
    if data[i] == 40:      ←見つけたい値と一致したか？
        print(i)
        found = True       ←見つかったことを処理状況としてセット
        break

if not found:              ←見つからなかった場合
    print('Not Found ')
```

ここではfoundという変数を使って見つかったかどうかを管理しており、見つからなかった場合には「Not Found」を出力しています。また、見つかった場合にはその位置を出力しているだけでなく、breakを使ってループを抜けています。

実行結果　linear_search1.py（リスト4.1）を実行

```
C:¥>python linear_search1.py
7
C:¥>
```

線形探索を行なう関数を定義する

線形探索は上記のような方法でも十分シンプルですが、実際には関数として定義して使います。見つかったかどうか変数で管理するのではなく、見つかった時点でその位置を返す関数を作成します。

たとえば、引数として「リスト」と「求める値」を渡してリストでの位置を返す関数を作ります（リスト4.2）。見つかった場合はその位置を、見つからなかった場合は-1を返します。

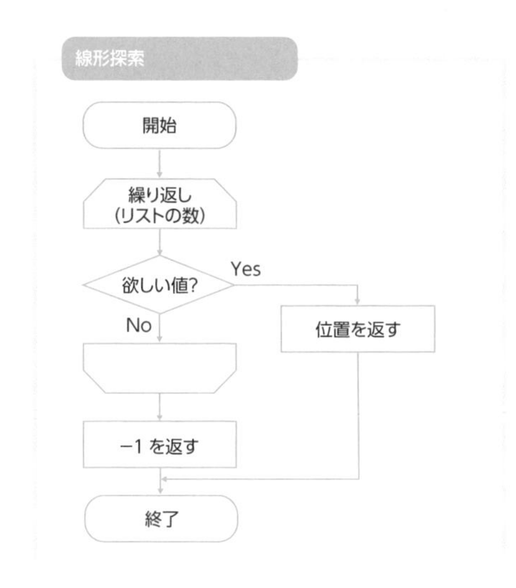

リスト4.2　linear_search2.py

```
def linear_search(data, value):        ←リストから求める値の位置を検索する関数を定義
    for i in range(len(data)):
        if data[i] == value:           ←欲しい値が見つかった場合
            return i
    return -1   ←欲しい値が見つからなかった場合は-1を返す

data = [50, 30, 90, 10, 20, 70, 60, 40, 80]
print(linear_search(data, 40))
```

実行結果　linear_search2.py（リスト4.2）を実行

```
C:¥>python linear_search2.py
7
C:¥>
```

この方法は順に調べるだけなので理解しやすいアルゴリズムだといえるでしょう。ただし、値が見つかるまですべて調べる必要があるため、データ数が増えると処理に時間がかかります。

データ数をnとすると、先頭で見つかった場合は1回の比較で終了しますが、最後まで見つからなかった場合はn回の比較が必要です。この場合、比較回数の平均は比較回数の合計をデータ数で割り算して求められるため $\frac{1+2+3+\cdots+n}{n}$ となり、整理すると $\frac{n+1}{2}$ 回の比較が必要となります（コラム「平均を求める」参照）。最悪の場合はn回の比較が必要なので、$O(n)$の処理だといえます。

平均を求める

$1+2+3+\cdots+n$は、逆から書くと$n+(n-1)+(n-2)+\cdots+1$となるため、この2つの式を縦に足してみます。

$$
\begin{array}{ccccccc}
1 & + & 2 & + & 3 & +\cdots+ & n \\
n & + & (n-1) & + & (n-2) & +\cdots+ & 1 \\
\hline
(n+1) & + & (n+1) & + & (n+1) & +\cdots+ & (n+1)
\end{array}
$$

すると、$n+1$がn個できるので、この和は$n(n+1)$となります。今回は縦に足すために逆に並べたものを足したので2で割ると、

$$1+2+3+\cdots+n=\frac{n(n+1)}{2}$$

となります。つまり、比較回数の平均は、この式の両辺をnで割って、

$$\frac{(1+2+3+\cdots+n)}{n}=\frac{n+1}{2}$$

です。

4.2 二分探索

- 線形探索と比べて処理時間が大幅に短くなることを体感する。
- 事前にソートが必要なことを理解する。

探索範囲を半分に分ける

データ数が増えても高速に処理する方法を考えると、私たちが辞書や電話帳から探すときに似た方法が考えられます。ある値を見たときに、目的の値がそれよりも前か後ろかを判断する方法です。この方法を使うには、データが五十音順など規則的に並んでいる必要があります。

ここでは、次のようなリストにデータが昇順で格納されているとします。

```
data = [10, 20, 30, 40, 50, 60, 70, 80, 90]
```

ここから40という値を探してみます（図4.2）。最初に中央の値50と比較すると、40はこれより小さいため、前半を探せばよくなります。次は10、20、30、40の中央にある20と比較します。すると、今度は20よりも大きいため、後半を探します。

そして次は30と比較し、後半を探します。その後40と比較して一致すると、ここで探索は終了となります。このように、探索範囲を前か後ろの半分に区切って探索することを繰り返します。今回は比較した回数が4回でした。

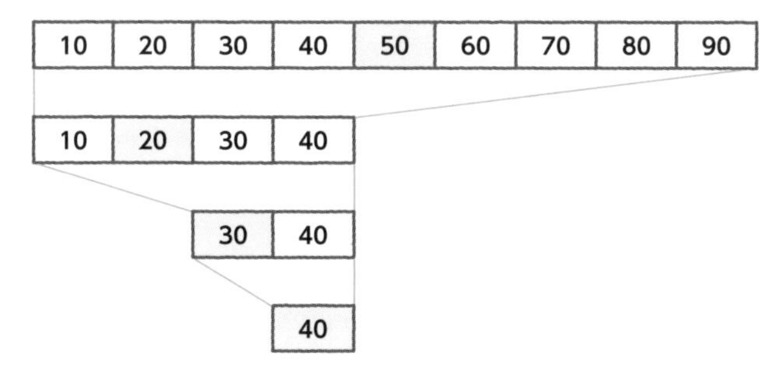

図4.2　二分探索

　このように、データが昇順に並んでいる中から、目的のデータが真ん中より右にあるか左にあるかを調べる作業を繰り返します。実際にPythonのプログラムで実装してみましょう（リスト4.3）。リストの左端と右端から、探す位置を半分に絞り込みながら順に探索します。

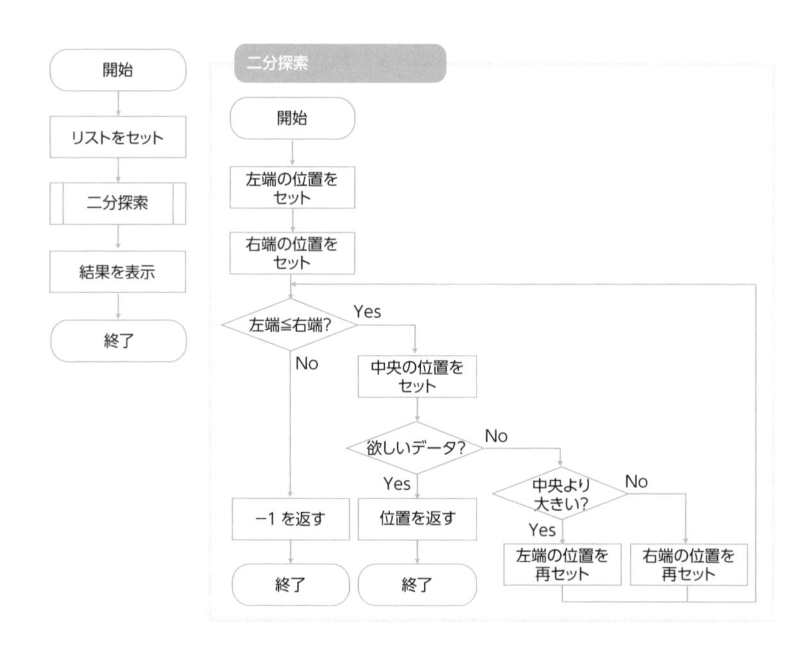

リスト4.3　binary_search.py

```
def binary_search(data, value):
    left = 0                              ←探索する範囲の左端を設定
    right = len(data) - 1                 ←探索する範囲の右端を設定
    while left <= right:
        mid = (left + right) // 2         ←探索する範囲の中央を計算
        if data[mid] == value:
            # 中央の値と一致した場合は位置を返す
            return mid
        elif data[mid] < value:
            # 中央の値より大きい場合は探索範囲の左を変える
            left = mid + 1
        else:
            # 中央の値より小さい場合は探索範囲の右を変える
            right = mid - 1
    return -1                             ←見つからなかった場合

data = [10, 20, 30, 40, 50, 60, 70, 80, 90]
print(binary_search(data, 90))
```

実行結果　binary_search.py（リスト4.3）を実行

```
C:¥>python binary_search.py
8
C:¥>
```

ここでは、`left`と`right`という2つの変数を使って、範囲を絞り込んでいます。一致したときにはその位置を返し、一致しなかったときには`left`と`right`の値を再設定しています。

データが増えたときの比較回数を考える

一見すると複雑な処理を行なっているように見えますが、図4.2を見ると探索範囲がどんどん絞られていくことがわかります。この効果は、データの数が増えたときの比較回数に現れます。

一度比較すると探索範囲が半分になる、ということは、リストに含まれるデータ数が2倍になっても最大の比較回数は1回増えるだけです。これは、数学の対数の考え方が使えます。対数は指数の逆の考え方で、たとえば$y=2^x$からxを求める式は$x=\log_2 y$と定義されています。

指数は第3章でも登場したように、右肩の値が増加すると急激に大きくなります。たとえば、$2^1=2$、$2^2=4$、$2^3=8$と増えていき、$2^{10}=1{,}024$、$2^{16}=65{,}536$となります。一方の対数は$\log_2 2=1$、$\log_2 4=2$、$\log_2 8=3$となり、$\log_2 1{,}024=10$、$\log_2 65{,}536=16$のようにlogの中が増えても大きく変わりません。

実際、$y=x$のグラフと$y=\log_2 x$のグラフを描いてみると、図4.3のようになります。$y=\log_2 x$は$y=2^x$のグラフと、$y=x$で線対称であり、xの値が増えてもyの値はあまり増えないことがわかります。

二分探索の場合、比較回数の増え方は対数のペースであるため、データ数が1,000個程度に増えても比較回数は10回程度、100万個に増えても比較回数は20回程度です。線形探索だと1,000個になると1,000回、100万個になると100万回かかっていたものと比べると図4.3のように圧倒的な差が生まれることがわかります。

なお、O(n)やO(n^2)で定数倍を無視するのと同じように、対数の底の違いは無視できます。このため、オーダーを書くときは底を省略することが一般的で、二分探索はO(log$n$)と表現できます。

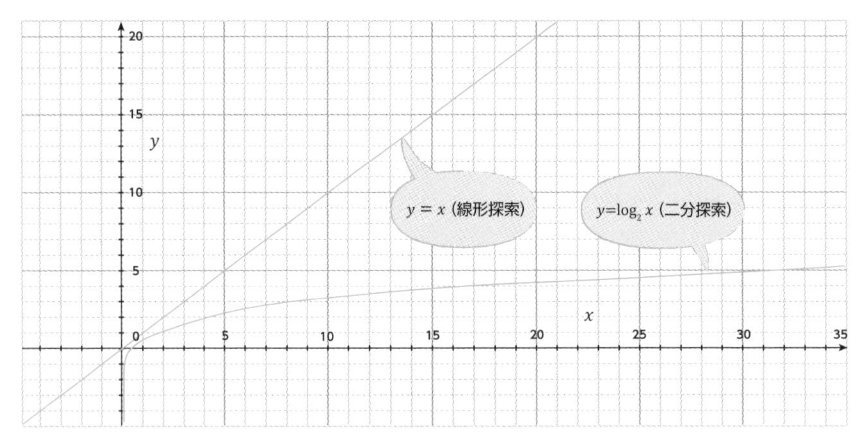

図4.3　対数関数のグラフ

一般的には、線形探索よりも二分探索のほうが高速に処理できますが、データが昇順か降順に並んでいる必要があるため、事前にデータの並べ替えが必要です（線形探索の場合には並び順は関係ない）。また、データの個数が少ない場合には処理速度に大きな差が出ないことから、線形探索が使われることも少なくありません。

扱うデータの量やデータの更新頻度なども検討した上で、探索方法を決めることが必要です。

Column

人が使うのにも役立つ二分探索

プログラミングでコンピュータの処理を効率化することに限らず、二分探索の考え方が役に立つことは少なくありません。たとえば、プログラムの出力が正しくないとき、その原因となる場所を探す必要があります。

このような場合、ソースコードを前から順番に探していってもよいですが、二分探索を使うと、調べる範囲を少しずつ絞り込むことができます。たとえば、ある関数の上半分を削除してみて結果を確認、次に下半分を削除してみて結果を確認する、ということを繰り返すと、問題点が見えてくることがあります。

これはプログラミングに限らず、ネットワークの調査などでも同じです。多くのサーバーを管理している場合は、問題が発生しているサーバーがどこにあるか調べるのに、半分ずつ調べる方法なども考えられます。

Column

スキップリスト

この節ではリスト（配列）に対する二分探索を紹介しましたが、実際にはソートされた連結リストに対して高速に探索したい場合もあります。しかし、連結リストは前から順にたどる構造のため、単純には二分探索はできません。

そこで、連結リストのデータ構造を工夫したものに「スキップリスト」があります。電車で各駅停車以外に急行や特急があるように、順にたどるのではなく、一部を読み飛ばせるデータ構造です（図4.4）。

スキップリストを使うと、連結リストでも効率よく探索できます。もちろん、挿入や削除なども余分に実装しなければなりませんが、便利なデータ構造として知っておきましょう。

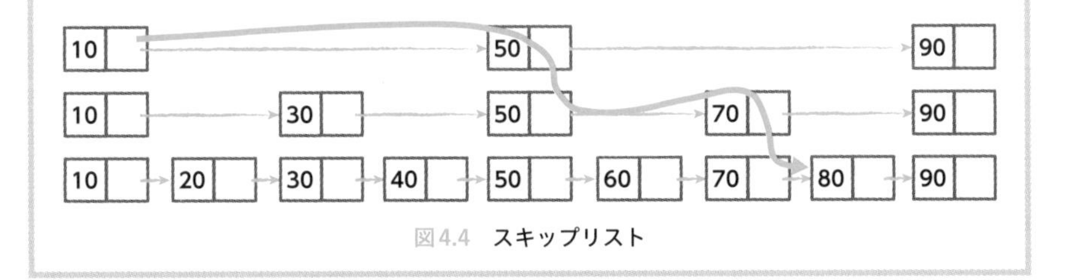

図4.4　スキップリスト

4.3 木構造での探索

- 幅優先探索、深さ優先探索を理解する。
- 行きがけ順、通りがけ順、帰りがけ順の違いを理解する。
- 再帰的な関数を実装できるようになる。

階層構造のデータからの探索を考える

リストに格納されている単純なデータを探索する場面だけでなく、階層構造になっているデータを探索する場面もあります。

たとえば、コンピュータのフォルダ内に保存されているファイルを探してみます。ファイル名が「sample.txt」という名前のファイルを一覧にすることを考えると、その探索方法は大きく分けて2通りが考えられます。

それは、「幅優先探索」と「深さ優先探索」です（図4.5）。

図4.5　幅優先探索（左）と深さ優先探索（右）

幅優先探索

探索を開始するところから近いものをリストアップし、さらにそれぞれを細かく調べていく方法を幅優先探索といいます。本を読むときに目次を見て全体を把握し、さらにそれぞれの章について概要を読み、さらに内容を読む、というように徐々に深く読んでいくようなイメージです。求める条件に合致するものを1つだけ得られればよく、見つかった時点で処理を終了できる場合には高速に処理できます。

Memo 木構造

図4.5のように、円と線を使って階層構造の分岐を表現する方法は、木の上下を逆さまにして枝が伸びているように見えることから「木構造」と呼ばれています。また、それぞれの円をノード（節点）、線をエッジ（枝、辺）といいます。

深さ優先探索

目的のほうへ進めるだけ進んで、進めなくなったら戻る方法を深さ優先探索といいます。「バックトラック」とも呼ばれ、すべての答えを見つけるときにはよく使われます。第2章で解説したような再帰処理が使われることが多く、オセロや将棋、囲碁など対戦型のゲームの探索を行なう場合などには必須の探索方法です。すべての答えを見つけなくても、決められた深さまで探索する、という使い方でもよく使われます。

なお、深さ優先探索には、すべてのノードを処理する順番として、行きがけ順、通りがけ順、帰りがけ順があります（図4.6）。ノードを経由する順番はいずれも図4.5の右側と同じですが、ノードを処理するタイミングが異なっており、この○の中に書かれている数字が小さいほうから順に処理します。

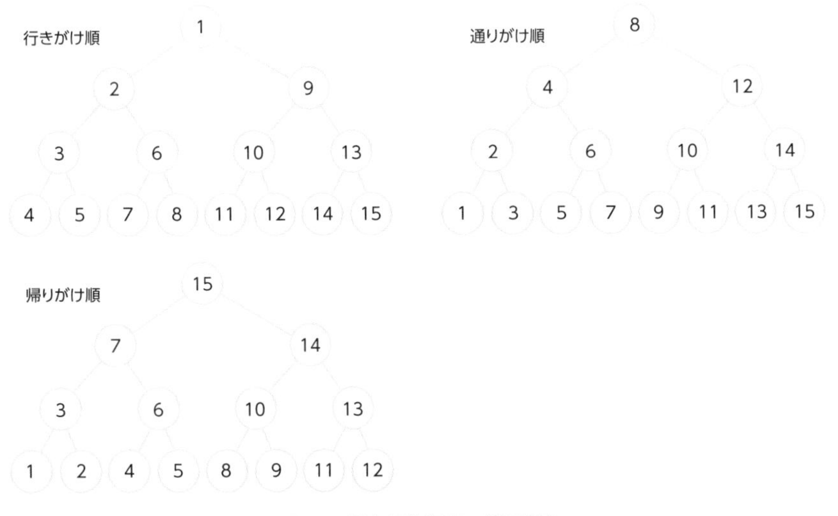

図4.6 深さ優先探索の処理順序

すべての答えを求める必要がある場合、幅優先探索では探索途中のノードをすべて保持しておく必要がありますが、深さ優先探索では現在のノードを保持しておくだけで処理を進められます。つまり、幅優先探索よりも深さ優先探索のほうがメモリ使用量を抑えられます。

一方、最短でたどり着けるものを1つだけ見つける場合は、見つかった時点で処理を終了できる幅優先探索のほうが高速です（深さ優先探索では、すべてのノードを調べてから最短かどうか判定する必要がある）。このため、それぞれの特徴を理解して、問題にあった手法を選ぶ必要があります。

幅優先探索を実装する

実際に、幅優先探索と深さ優先探索を簡単なプログラムで実装してみます。ここでは、各ノードにぶら下がっているノードをリストで表現してみます。たとえば、図4.7を見ると、1番の要素からは3番と4番のノードがあるので、リストの1番の要素に[3, 4]というリストを格納します。

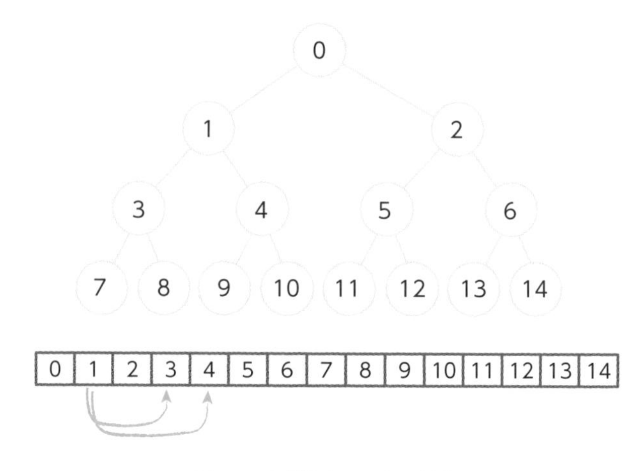

図4.7　木構造とリストの対応

つまり、0番の要素にぶら下がっているノードはリストの1番と2番の要素、1番の要素にぶら下がっているのはリストの3番と4番の要素、というようにぶら下がっているノードの位置（インデックス）をリストで保持します。

幅優先探索では、リスト4.4のようにループを繰り返しながら処理できます。

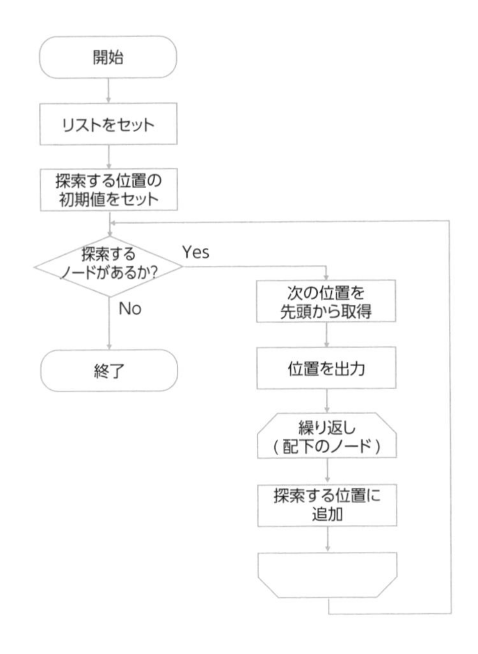

リスト4.4　breadth_search.py

```
tree = [[1, 2], [3, 4], [5, 6], [7, 8], [9, 10], [11, 12],
        [13, 14], [], [], [], [], [], [], [], []]

data = [0]
while len(data) > 0:
    pos = data.pop(0)      ←先頭から取り出し
    print(pos, end=' ')
    for i in tree[pos]:
        data.append(i)     ←末尾に追加
```

リストのインデックスを順に出力しているため、実行結果を見ると木構造を上から順に処理（出力）できていることがわかります。

実行結果　breadth_search.py（リスト4.4）を実行

```
C:¥>python breadth_search.py
0 1 2 3 4 5 6 7 8 9 10 11 12 13 14
C:¥>
```

深さ優先探索を実装する

行きがけ順

深さ優先探索は、再帰を使って実装されることが一般的です。まずは行きがけ順で実装してみます。行きがけ順では、各ノードの子をたどる前にそのノードを処理します（リスト4.5）。

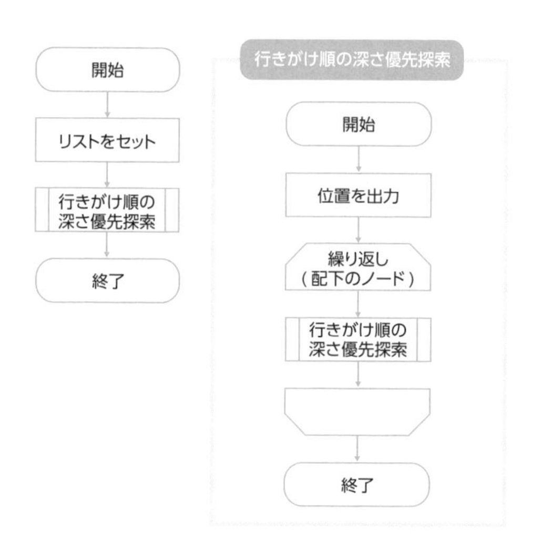

リスト4.5　depth_search1.py

```
tree = [[1, 2], [3, 4], [5, 6], [7, 8], [9, 10], [11, 12],
        [13, 14], [], [], [], [], [], [], [], []]

def search(pos):
    print(pos, end=' ')     ←配下のノードを調べる前に出力
    for i in tree[pos]:     ←配下のノードを調べる
        search(i)           ←再帰的に探索
search(0)
```

実行結果　depth_search1.py（リスト4.5）を実行

```
C:¥>python depth_search1.py
0 1 3 7 8 4 9 10 2 5 11 12 6 13 14
C:¥>
```

帰りがけ順

次に、帰りがけ順で実装してみます。帰りがけ順では、各ノードの子をすべてたどった後でそのノードを処理します（リスト4.6）。

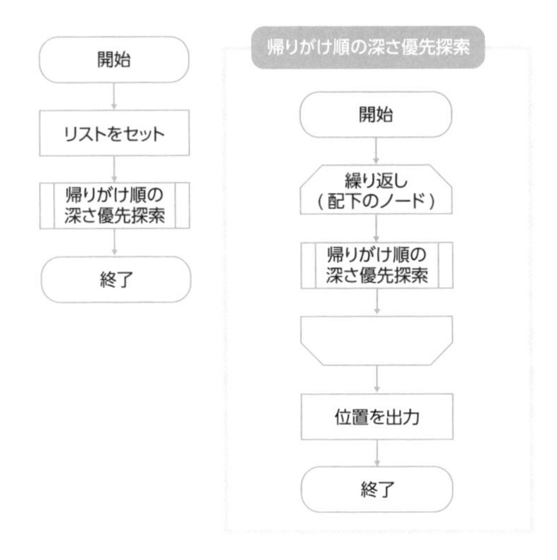

リスト4.6　depth_search2.py

```
tree = [[1, 2], [3, 4], [5, 6], [7, 8], [9, 10], [11, 12],
        [13, 14], [], [], [], [], [], [], [], []]

def search(pos):
    for i in tree[pos]:
        search(i)
    print(pos, end=' ')    ←配下のノードを調べた後に出力

search(0)
```

実行結果　depth_search2.py（リスト4.6）を実行

```
C:¥>python depth_search2.py
7 8 3 9 10 4 1 11 12 5 13 14 6 2 0
C:¥>
```

通りがけ順

最後に、通りがけ順で実装してみます。通りがけ順では、2分木の左側の子ノー

ドをたどった後に処理し、続いて右側の子ノードをたどります（リスト4.7）。

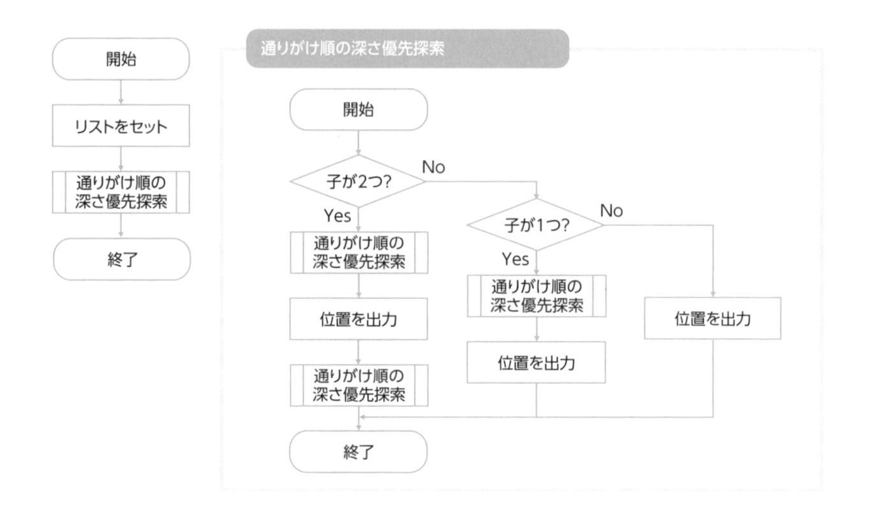

リスト4.7　depth_search3.py

```
tree = [[1, 2], [3, 4], [5, 6], [7, 8], [9, 10], [11, 12],
        [13, 14], [], [], [], [], [], [], [], []]

def search(pos):
    if len(tree[pos]) == 2:     ←子が2つあるとき
        search(tree[pos][0])
        print(pos, end=' ')     ←左のノードと右のノードの間に出力
        search(tree[pos][1])
    elif len(tree[pos]) == 1:   ←子が1つのとき
        search(tree[pos][0])
        print(pos, end=' ')     ←左のノードを調べた後に出力
    else:                       ←配下のノードがないとき
        print(pos, end=' ')

search(0)
```

実行結果　depth_search3.py（リスト4.7）を実行

```
C:¥>python depth_search3.py
7 3 8 1 9 4 10 0 11 5 12 2 13 6 14
C:¥>
```

なお、再帰を使わずにループで実装することも可能です。リスト4.8のように実装すると、帰りがけ順の逆順で処理されます。

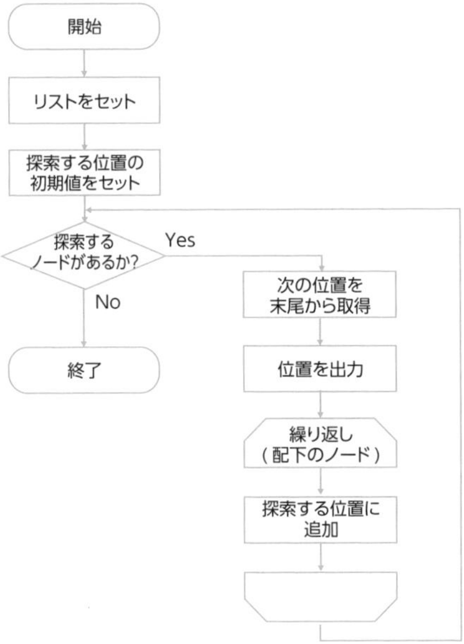

開始
リストをセット
探索する位置の初期値をセット
探索するノードがあるか?
Yes
No
次の位置を末尾から取得
終了
位置を出力
繰り返し（配下のノード）
探索する位置に追加

リスト4.8　depth_search4.py

```
tree = [[1, 2], [3, 4], [5, 6], [7, 8], [9, 10], [11, 12],
        [13, 14], [], [], [], [], [], [], [], []]

data = [0]
while len(data) > 0:
    pos = data.pop() ←末尾から取り出し
    print(pos, end=' ')
    for i in tree[pos]:
        data.append(i)     ←末尾に追加
```

実行結果　depth_search4.py（リスト4.8）を実行

```
C:¥>python depth_search4.py
0 2 6 14 13 5 12 11 1 4 10 9 3 8 7
C:¥>
```

4.4 さまざまな例を実装する

- 番兵やビット演算など実用的なテクニックを知る。
- 8クイーン問題やハノイの塔など有名なアルゴリズムを知る。
- ミニマックス法など対戦形式のアルゴリズムを知る。

迷路の探索（番兵）

簡単な迷路を探索する問題を考えます。たとえば、図4.8のような迷路があったとします。黒い部分が壁で、白い部分が通路のとき、スタート（S）から通路を通ってゴール（G）まで行く経路を探します。

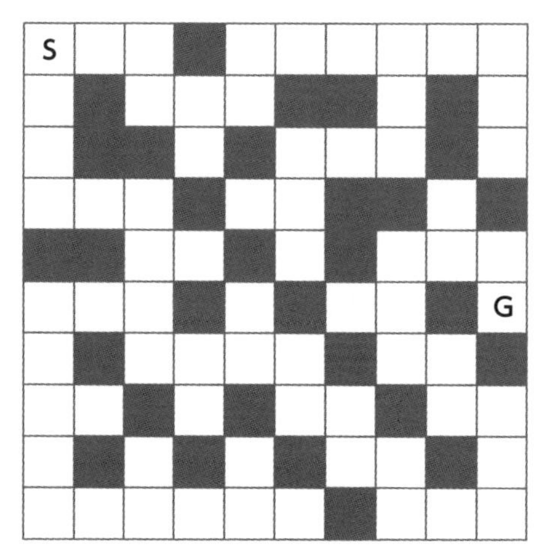

図4.8　迷路の例

このような問題を解く場合、外側の壁の判定を簡単に行なうために「番兵」という考え方がよく使われます。番兵とは、終了条件としてリストの最後に付加するデータのことで、探索の実装をシンプルにするために使われます。

上記の迷路の場合、壁を「9」、通路を「0」、ゴールを「1」という数字で表すと、リスト4.9のような2次元のリストで表現できます。移動する最中に通った通路は「2」という数字で上書きしていくものとします。

リスト4.9を見ると、図4.8にはなかった周囲を「9」で囲んでおり、内側の壁と同様に扱っています。これが番兵の効果で、内側と外側の壁を区別する必要がなくなり、進めない場所の判定が簡単になります。

リスト4.9 **maze.py**

```
maze = [
    [9, 9, 9, 9, 9, 9, 9, 9, 9, 9, 9, 9],
    [9, 0, 0, 0, 9, 0, 0, 0, 0, 0, 0, 9],
    [9, 0, 9, 0, 0, 0, 9, 9, 0, 9, 9, 9],
    [9, 0, 9, 9, 0, 9, 0, 0, 0, 9, 0, 9],
    [9, 0, 0, 0, 9, 0, 0, 9, 9, 0, 9, 9],
    [9, 9, 9, 0, 0, 9, 0, 9, 0, 0, 0, 9],
    [9, 0, 0, 0, 9, 0, 9, 0, 0, 9, 1, 9],
    [9, 0, 9, 0, 0, 0, 0, 9, 0, 0, 9, 9],
    [9, 0, 0, 9, 0, 9, 0, 0, 9, 0, 0, 9],
    [9, 0, 9, 0, 9, 0, 9, 0, 0, 9, 0, 9],
    [9, 0, 0, 0, 0, 0, 0, 9, 0, 0, 0, 9],
    [9, 9, 9, 9, 9, 9, 9, 9, 9, 9, 9, 9]
]
```

幅優先探索で探す

スタートから順に、近いところから動ける範囲を幅優先探索で調べることを考えます。上下左右を動きながら調べ、一度探索済みのところは再度探索しないものとします。この処理を繰り返し、ゴールに到達するか、動けるところがなくなると探索完了です。

プログラムでは最初にスタート位置を探索するリストとしてセットします。上下左右に移動可能な場所をリストとして追加しながら、リストがなくなるまで（探索できる場所がなくなるまで）繰り返します（図4.9）。

図4.9　幅優先探索

ゴールの位置に着くと処理は終了できます。リスト4.10のプログラムでは移動回数を加算しながら探索し、ゴールまでの移動回数を出力しています。

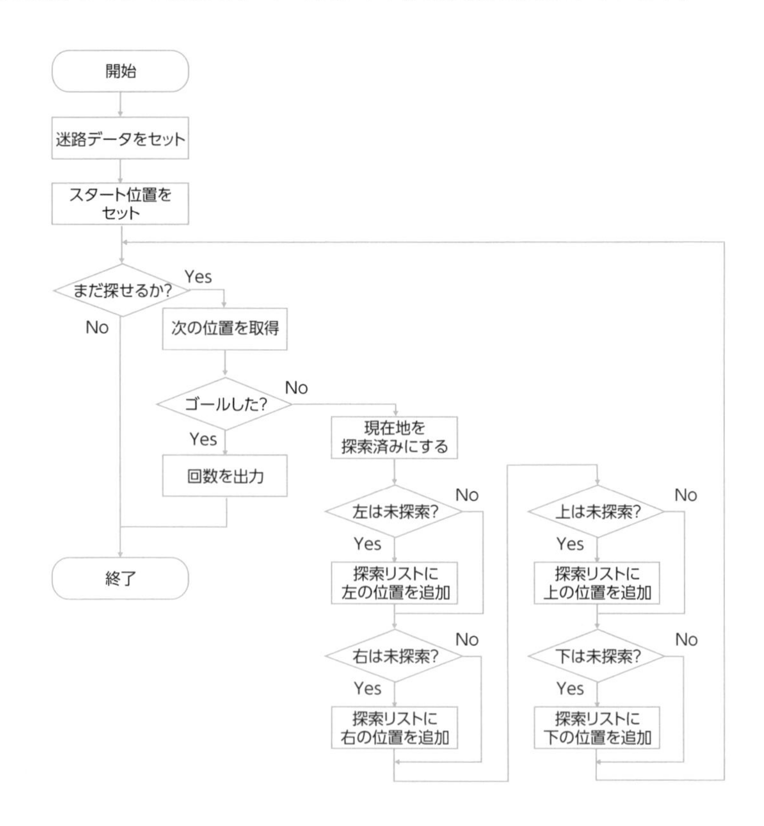

リスト4.10　maze.py

```
# 略（リスト4.9）

# スタート位置(x座標、y座標、移動回数)をセット
pos = [[1, 1, 0]]

while len(pos) > 0:
    x, y, depth = pos.pop(0)    ←リストから探索する位置を取得

    # ゴールに着くと終了
    if maze[x][y] == 1:
        print(depth)
        break

    # 探索済みとしてセット
    maze[x][y] = 2

    #上下左右を探索
    if maze[x - 1][y] < 2:
        pos.append([x - 1, y, depth + 1])  ←移動回数を増やして左をリストに追加
    if maze[x + 1][y] < 2:
        pos.append([x + 1, y, depth + 1])  ←移動回数を増やして右をリストに追加
    if maze[x][y - 1] < 2:
        pos.append([x, y - 1, depth + 1])  ←移動回数を増やして上をリストに追加
    if maze[x][y + 1] < 2:
        pos.append([x, y + 1, depth + 1])  ←移動回数を増やして下をリストに追加
```

※←〜の左、右、上、下は、迷路を進む番兵の目線での方向を表しています。

このプログラムを実行すると、その移動回数である「28」が出力されます。

実行結果　maze.py（リスト4.9・4.10）を実行

```
C:¥>python maze.py
28
C:¥>
```

単純な深さ優先探索で探す

同じ処理を深さ優先探索で解くこともできます。深さ優先探索では、進めるところまで進んで、行き止まると戻って次の経路を探索します（図4.10）。

図4.10の例では、探索が進行中の状況を5階層ごとに表現しています。これを

見ると、先に進める場合は分岐があっても、他の経路を探さずに進んでいることがわかります。

図4.10　深さ優先探索

リスト4.10と同様に、リスト4.9にリスト4.11を追加することで、同じ結果が得られます。

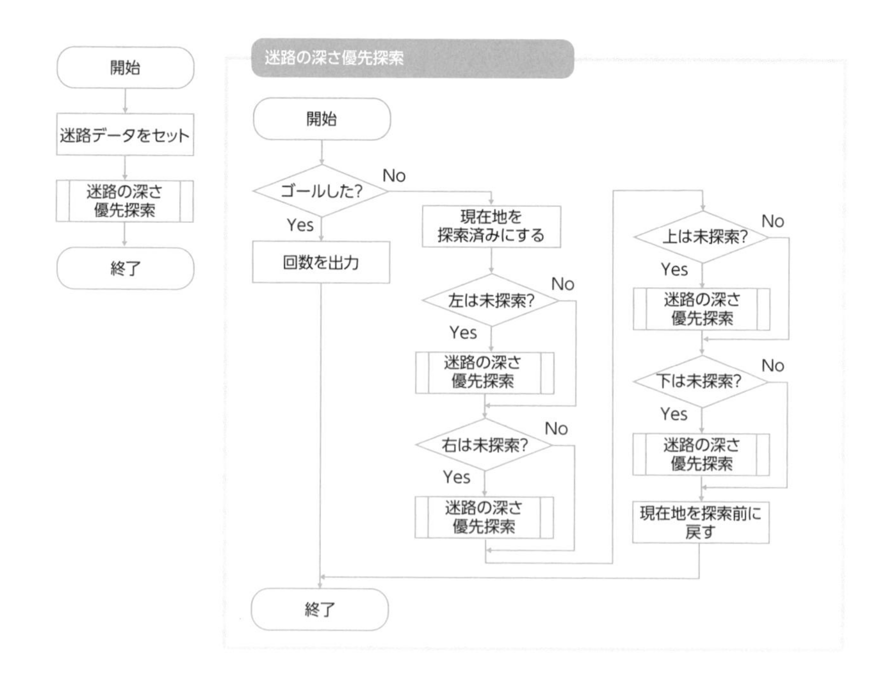

リスト4.11　maze2.py

```
# 略（リスト4.9）

def search(x, y, depth):
    # ゴールに着くと終了
    if maze[x][y] == 1:
        print(depth)
        exit()

    # 探索済みとしてセット
    maze[x][y] = 2

    #上下左右を探索
    if maze[x - 1][y] < 2:
        search(x - 1, y, depth + 1)    ←移動回数を増やして左を探索
    if maze[x + 1][y] < 2:
        search(x + 1, y, depth + 1)    ←移動回数を増やして右を探索
    if maze[x][y - 1] < 2:
        search(x, y - 1, depth + 1)    ←移動回数を増やして上を探索
    if maze[x][y + 1] < 2:
        search(x, y + 1, depth + 1)    ←移動回数を増やして下を探索

    # 探索前に戻す
    maze[x][y] = 0

# スタート位置から開始
search(1, 1, 0)
```

右手法による深さ優先探索で探す

深さ優先探索でも、迷路を解く場合には「右手法[※1]」がよく知られています。名前の通り、迷路の右側の壁に手をついて触りながら移動する方法で、壁に突き当たった場合も、向きを左に変えることを繰り返すことで、進み続けます（図4.11）。

※1　迷路の左側の壁に手をついて触りながら移動する方法は「左手法」と呼ばれます。どちらでも本質的には同じです。

図4.11　右手法での経路

最短経路でゴールに到達できるとは限りませんが、探索を続けることでいずれはゴールに到達できます。プログラムでは、進行方向を保持しておき、その右側、前、左側、後ろの順番に調べながら進める方向に進みます。

また、未訪問の場所に進む場合は移動回数を増やし、訪問済みの場所に進む場合は移動回数を減らすことで、最短経路の長さを求めることができます。

これを実装したものがリスト4.12で、リスト4.9にリスト4.12を追加することで、同じ結果が得られます。

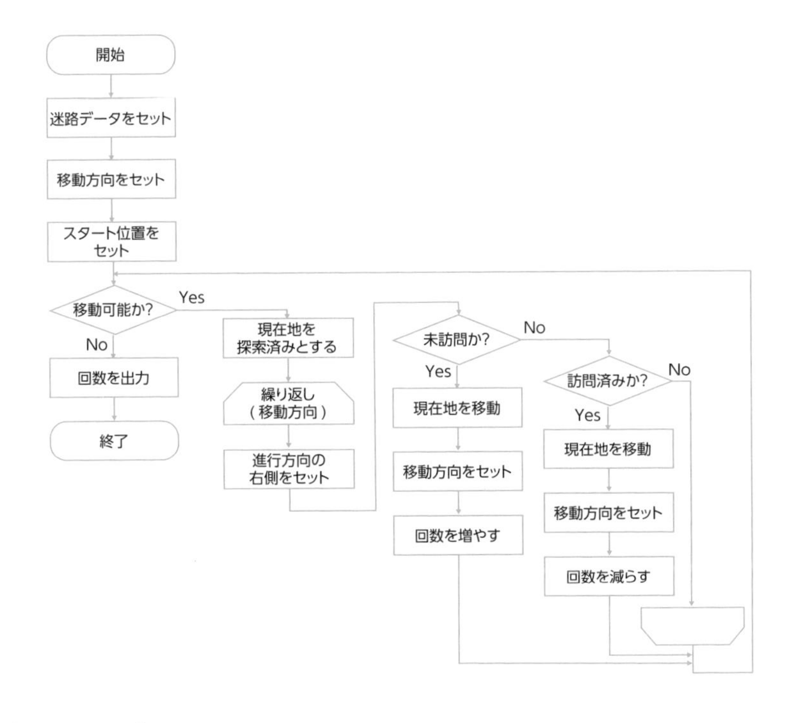

リスト 4.12 **maze3.py**

```
# 略（リスト4.9）

# 右手法での移動方向（下、右、上、左）をセット
dir = [[1, 0], [0, 1], [-1, 0], [0, -1]]

# スタート位置（x座標、y座標、移動回数、方向）をセット
x, y, depth, d = 1, 1, 0, 0

while maze[x][y] != 1:
    # 探索済みとしてセット
    maze[x][y] = 2

    #右手法で探索
    for i in range(len(dir)):
        # 進行方向の右側から順に探す
        j = (d + i - 1) % len(dir)      ←移動方向の個数で割ってあまりを求めることで、
        if maze[x + dir[j][0]][y + dir[j][1]] < 2:         次の方向を決める
            # 未訪問の場合は進めて移動回数を増やす
            x += dir[j][0]
            y += dir[j][1]
            d = j
```

```
                depth += 1
                break
            elif maze[x + dir[j][0]][y + dir[j][1]] == 2:
                # 訪問済みの場合は進めて移動回数を減らす
                x += dir[j][0]
                y += dir[j][1]
                d = j
                depth -= 1
                break

print(depth)
```

8クイーン問題

8クイーン問題はチェスにおけるコマの「クイーン」を使ったパズルのことです。クイーンは、将棋の飛車と角をあわせた動きが可能なコマで、図4.12の左のように上下左右と斜めに「盤の端」か「他のコマ」に到達するまで移動でき、その範囲が「利き」となります（「Q」の位置にクイーンを配置）。

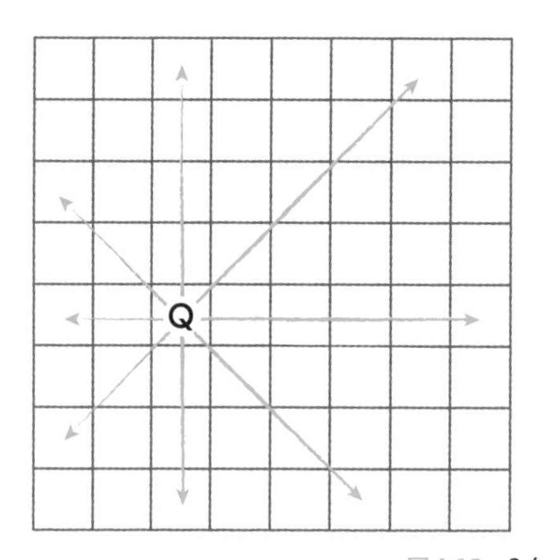

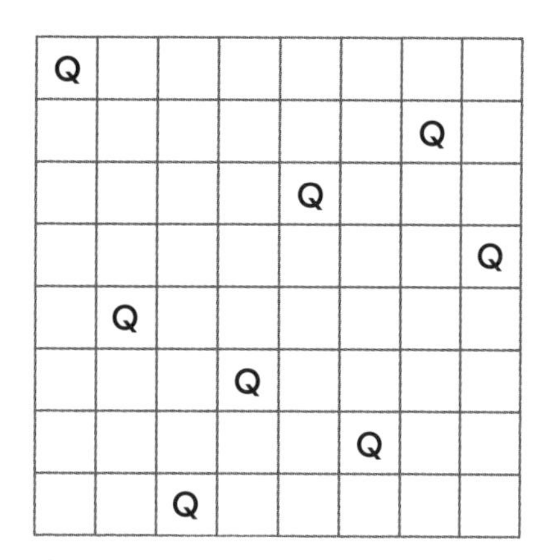

図4.12　8クイーン問題の例

チェスの盤面に8つのクイーンを、互いの利きに入らないように配置することが目的です。たとえば、図4.12の右のような配置が考えられます。このような配置をすべて求めます。

単純に考えると、1つ目のクイーンを置く場所は8×8=64通り、2つ目は63通り、というように64×63×62×61×60×59×58×57通りがあります。これを探索するのは大変です。

そこで、この問題の制限を使って工夫してみます。同じ行と列に2つ以上のクイーンが配置されることはないため、それぞれの列においてクイーンを配置した行を保持することにします。

1列目は1～8行目のいずれか、2列目は残りの7行のいずれか、というように考えると、8×7×6×5×4×3×2×1通りです。これなら全探索しても、パターン数を大幅に少なくできます（図4.13）。

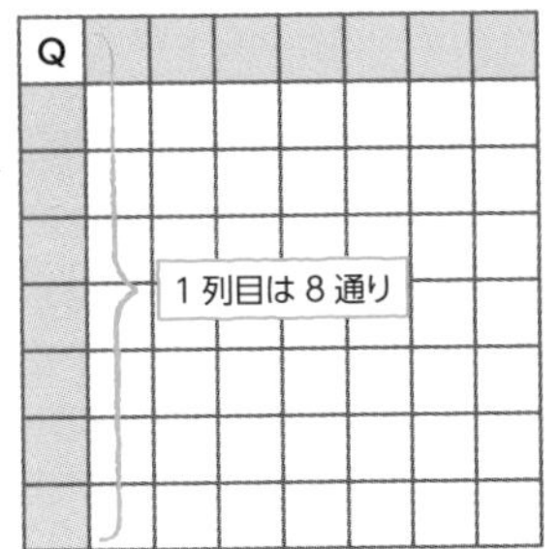

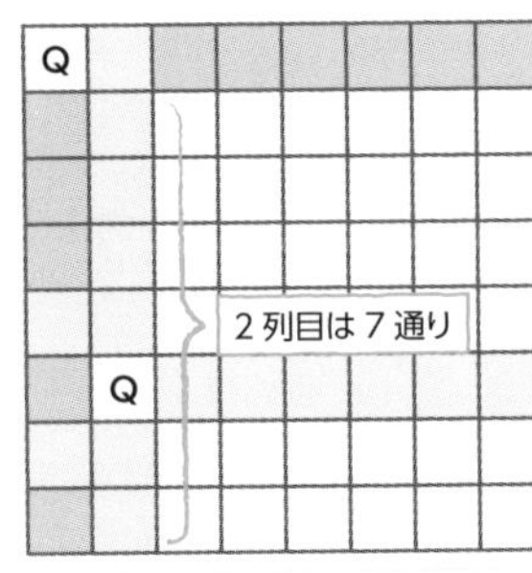

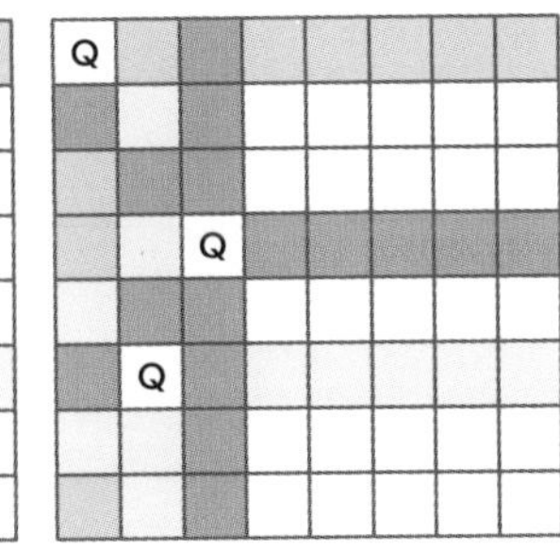

図4.13　列を順に埋める

ここで難しいのが、斜めの利きをどのように判定するかです。左側から順に配置するため、これまでに配置したものが斜めの利きに入っているか調べるには、左上と左下を調べることで判定できます。

左上については、1列左は1行上を、2列左は2行上を調べればよいので、リストの位置とリストの値（行番号）で比較すれば調べられます。左下も同様に調べます。

左の列から順に配置可能な位置をリストに追加していき、すべて配置できれば完成です（リスト4.13）。リストに追加するときには、同じ行にならないようにすること、斜めの利きに入らないように調べながら配置します。

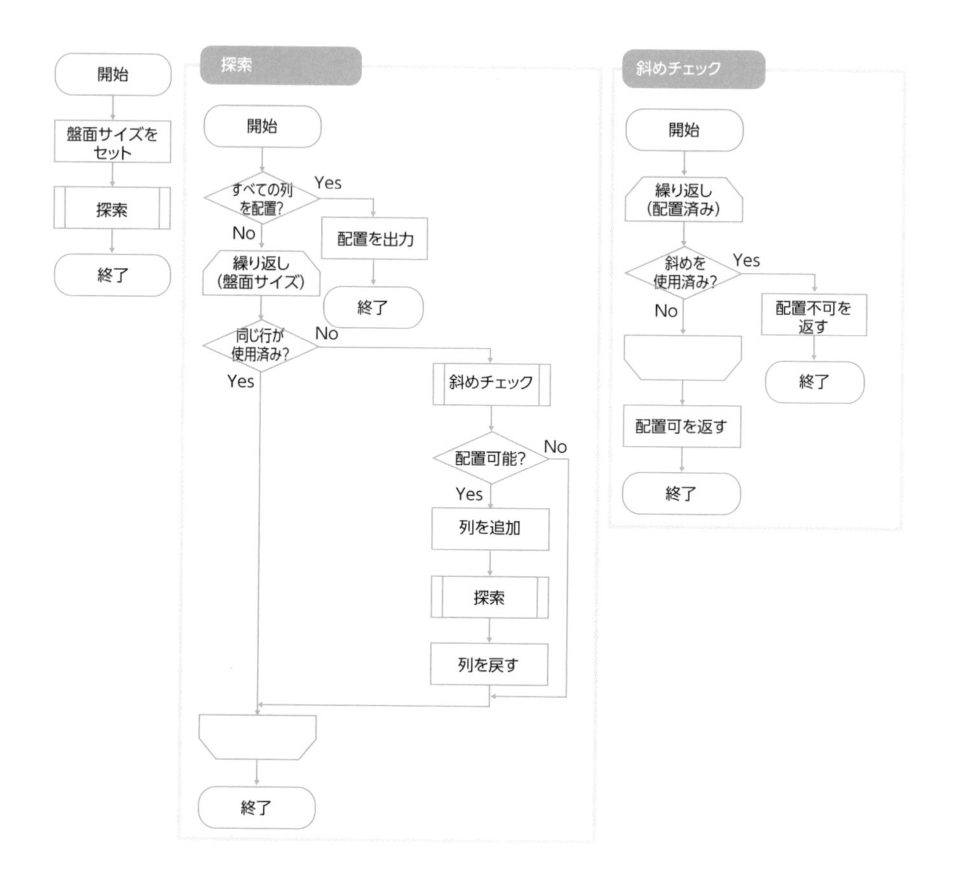
開始
盤面サイズをセット
探索
終了
探索
開始
すべての列を配置?
Yes
No
配置を出力
終了
繰り返し(盤面サイズ)
同じ行が使用済み?
No
Yes
斜めチェック
配置可能?
No
Yes
列を追加
探索
列を戻す
終了
斜めチェック
開始
繰り返し(配置済み)
斜めを使用済み?
Yes
No
配置不可を返す
終了
配置可を返す
終了

リスト4.13　queen.py

```
N = 8

# 斜めのチェック
def check(x, col):
    # 配置済みの行を逆順に調べる
    for i, row in enumerate(reversed(col)):
        if (x + i + 1 == row) or (x - i - 1 == row):  ←左上と左下にあるか
            return False
    return True

def search(col):
    if len(col) == N:  # すべて配置できれば出力
        print(col)
        return

    for i in range(N):
        if i not in col:  # 同じ行は使わない
            if check(i, col):
                col.append(i)
                search(col)  ←再帰的に探索する
                col.pop()

search([])
```

これを実行すると、92個のパターンが出力されます。

実行結果　queen.py（リスト4.13）を実行

```
C:¥>python queen.py
[0, 4, 7, 5, 2, 6, 1, 3]
[0, 5, 7, 2, 6, 3, 1, 4]
[0, 6, 3, 5, 7, 1, 4, 2]
[0, 6, 4, 7, 1, 3, 5, 2]
[1, 3, 5, 7, 2, 0, 6, 4]
…
[7, 1, 4, 2, 0, 6, 3, 5]
[7, 2, 0, 5, 1, 4, 6, 3]
[7, 3, 0, 2, 5, 1, 6, 4]
C:¥>
```

ただし、これらの92個のパターンは、回転や上下左右の反転などで同じ形が登場します。このため、基本となるパターンは図4.14の12通りだけです。

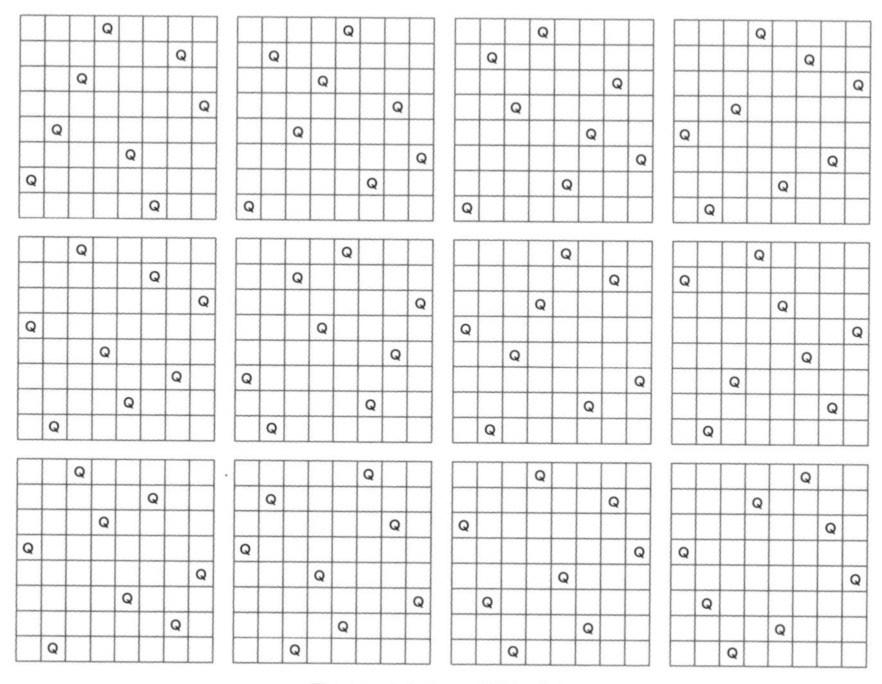

図4.14　8クイーン問題の答え

n-クイーン問題

8クイーン問題は8×8のマスに8つのクイーンを配置する問題でしたが、一般に$n \times n$のマスにn個のクイーンを配置する問題は「n-クイーン問題」と呼ばれます。たとえば、n=4のときは4×4のマスに4個のクイーンを配置します（図4.15）。

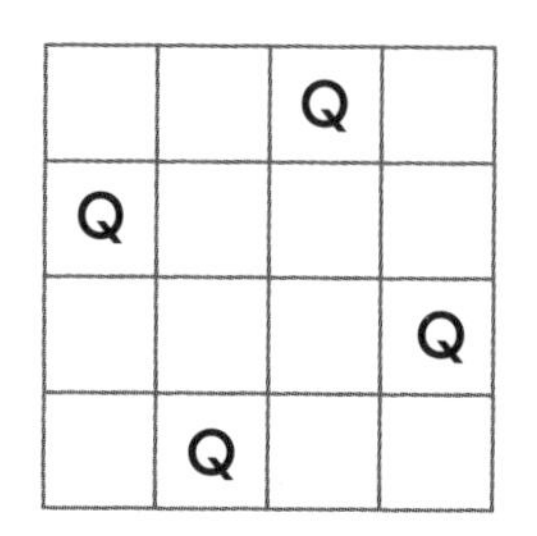

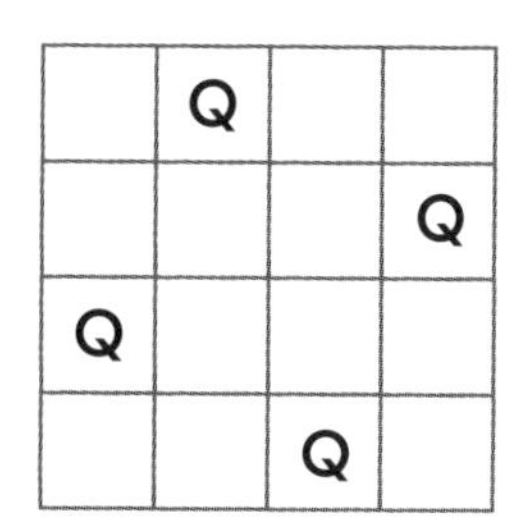

図4.15　4クイーン問題の答え

この問題を解く場合は、先ほどのリスト4.13のプログラムで1行目のNの値を変えるだけです。ただし、nが大きくなるにつれて、処理時間は爆発的に増加します。一般的なコンピュータで上記のプログラムを使う場合はn=13くらいまでしか現実的な時間では処理できないでしょう。

実際には、この問題を解くのに特化したハードウェアを構成し、工夫した実装が使われています。

ハノイの塔

再帰を使うことでシンプルに実装できる例として「ハノイの塔」というパズルが有名です。ハノイの塔では、次のルールのもとにすべての円盤を移動します。

- 大きさの異なる複数の円盤があり、小さな円盤の上に大きな円盤は積むことができない
- 円盤を置ける場所は3か所あり、最初は1か所にすべて積まれている
- 円盤を1回に1枚ずつ移動し、すべての円盤を別の場所に移動するまでの回数を調べる

たとえば、3枚の円盤があった場合、図4.16のように7回で移動できます。

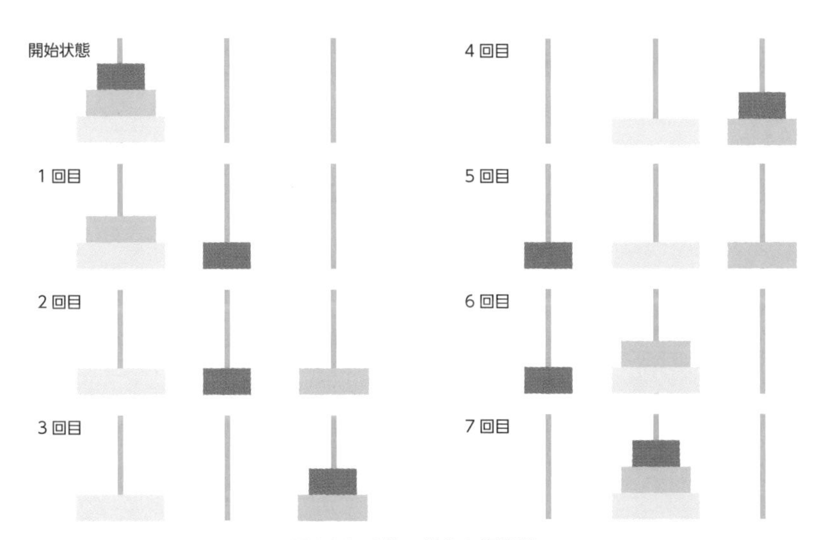

図4.16　3枚の場合の解答例

このハノイの塔において、n枚の円盤を移動するのに必要な最小の移動回数と、その移動手順を求めることを考えます。小さな円盤の上に大きな円盤は積めないので、n枚の演算を移動するにはn-1枚を移動した後に最大の1枚を移動し、その上にn-1枚を移動すると考えられます（図4.17）。

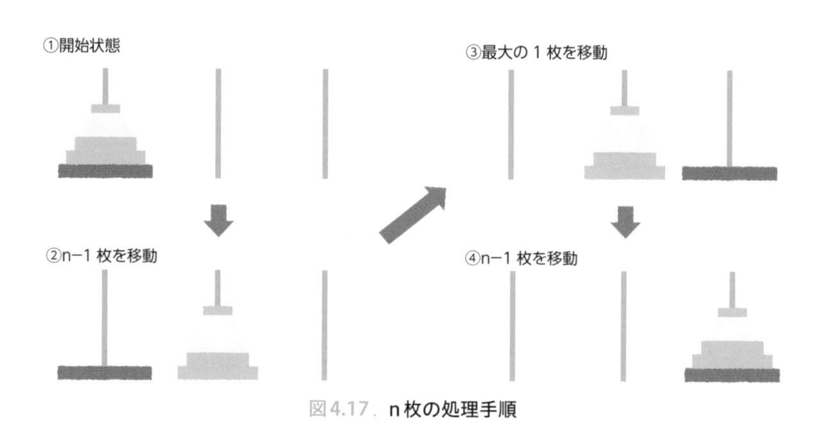

図4.17　n枚の処理手順

このn-1枚を移動するには、n-2枚を移動した後に一番下の1枚を移動し、その上にn-2枚を移動すればよいでしょう。これを繰り返すと、再帰的に考えられそうです。

この移動方法をプログラムで実装してみます。円盤を置ける3か所をそれぞれa、b、cとし、aからbに円盤を移動することを「`a -> b`」と出力することを考えます。ここで、移動に必要なパラメータは、「残り枚数」「移動元」「移動先」「経由場所」の4つです。これらを引数とする関数を定義し、その中で移動内容を出力するものとします。

処理する枚数は、実行した後で標準入力から与えることで、その値を実行時に変えられるようにします（リスト4.14）。

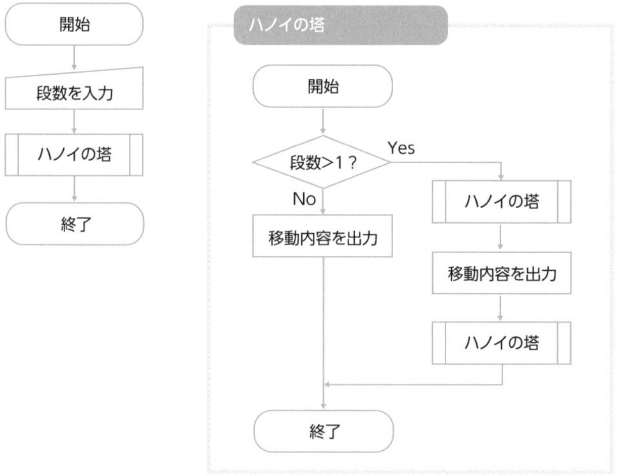

開始
段数を入力
ハノイの塔
終了

ハノイの塔
開始
段数>1？
Yes
No
移動内容を出力
ハノイの塔
移動内容を出力
ハノイの塔
終了

リスト4.14　hanoi.py

```
                                      移動先
def hanoi(n, src, dist, via):
    if n > 1:  移動元          経由場所
        hanoi(n - 1, src, via, dist)    ←n-1枚を移動元から経由場所に移す
        print(src + ' -> ' + dist)
        hanoi(n - 1, via, dist, src)    ←n-1枚を経由場所から移動先に移す
    else:
        print(src + ' -> ' + dist)

n = int(input())
hanoi(n, 'a', 'b', 'c')
```

これを実行すると、n=3のときは次のような結果が得られます。

実行結果　hanoi.py（リスト4.14）を実行

```
C:¥>python hanoi.py
3
a -> b
a -> c
b -> c
a -> b
c -> a
c -> b
a -> b
C:¥>
```

ここで、n枚を移動するのに必要な回数を調べてみましょう。n枚の移動回数をa_nとすると、n-1枚の移動と一番下の1枚の移動、さらにn-1枚の移動があるので、$a_n=2a_{n-1}+1$という式で表現できます。また、$a_1=1$です。

この一般項を求めると、$a_n=2^n-1$となります。つまり、nの数が増えると移動回数は急激に増加します。たとえば、nを増やしていくと、その移動回数は表4.1のようになります。

表4.1　ハノイの塔の移動回数

枚数	移動回数
3	7
4	15
5	31
6	63
7	127
…	…
10	1,023

枚数	移動回数
11	2,047
12	4,095
13	8,191
14	16,383
15	32,767
…	…
24	16,777,215

枚数	移動回数
25	33,554,431
…	…
32	約43億
…	…
40	約1兆
…	…
64	約1845京

フォルダにあるファイルを探す

WindowsなどのOSではファイルを階層構造で管理できます。フォルダ内にはファイルだけでなく、フォルダを入れることもできます（図4.18）。

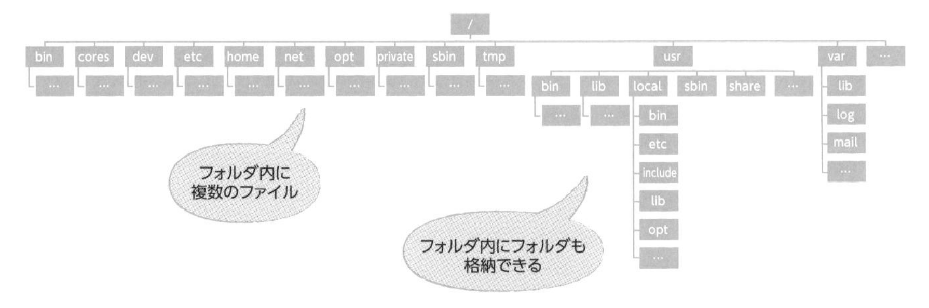

図4.18　フォルダの階層構造

ここで、あるフォルダの中で、特定のファイル名のファイルがどこにあるかを探すことを考えます。Pythonでは、あるフォルダの中にあるファイルやフォルダの一覧を取得する関数として、`os`モジュールにある`listdir`関数があります。

たとえば、次のように実行すると、ルートディレクトリにあるディレクトリの一覧を取得できます。

実行結果　ルートディレクトリにあるディレクトリの取得

```
$ python
>>> import os
>>> print(os.listdir('/'))
['home', 'usr', 'net', 'bin', 'sbin', 'etc', 'var', 'private', 'opt',
'dev', 'tmp', 'cores']
>>>
```

　また、指定されたパスがファイルなのかフォルダなのか調べるisdir関数や、逆にファイルか調べるisfile関数もあります。

実行結果　指定されたパスがファイルかフォルダか調べる

```
$ python
>>> import os
>>> for i in os.listdir('/'):
...     print(i + ' : ' + str(os.path.isdir('/' + i)))
...     print(i + ' : ' + str(os.path.isfile('/' + i)))
home : True
home : False
usr : True
usr : False
(略)
```

　なお、ファイルやディレクトリにアクセスするには権限が必要です。この権限を確認するには、os.access関数を使います。1つ目の引数にはディレクトリやファイルの名前を、2つ目の引数には調べる内容（表4.2）を指定します。

表4.2　os.access関数の引数

2つ目の引数の値	調べる内容
os.F_OK	存在するかどうか
os.R_OK	読み込み可能かどうか
os.W_OK	書き込み可能かどうか
os.X_OK	実行可能かどうか

　これらを使って、一覧からファイルを見つけることを考えます。たとえば、すべてのディレクトリの中から「book」という名前のディレクトリを探すプログラムを作成してみます。

深さ優先探索

まずは深さ優先探索で実装します（リスト4.15）。探索するディレクトリと、名前を引数として渡して、そのディレクトリ内を探す関数を作成します。一致するディレクトリやファイルがあれば出力、さらにディレクトリの場合には下位のディレクトリを再帰的に探索します。

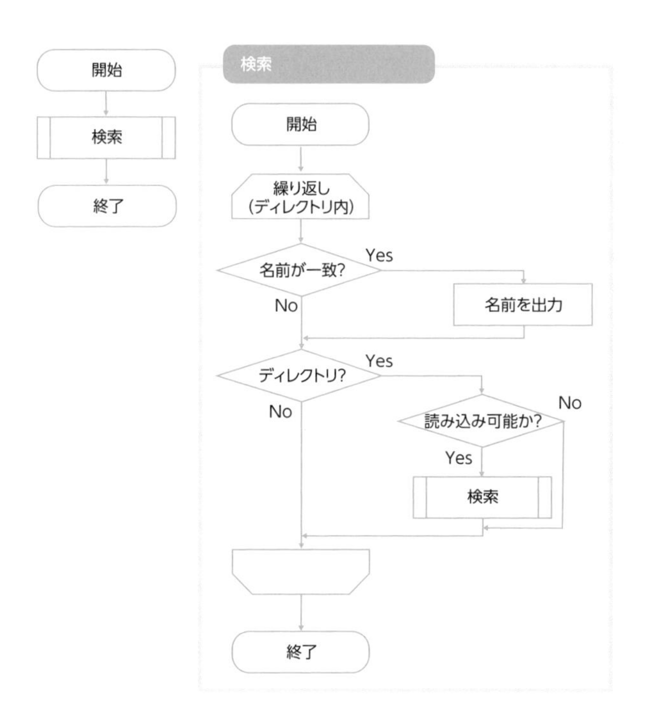

リスト4.15　search_file1.py

```
import os

def search(dir, name):
    for i in os.listdir(dir):
        if i == name:
            print(dir + i)
        if os.path.isdir(dir + i):
            if os.access(dir + i, os.R_OK):
                search(dir + i + '/', name)

search('/', 'book')
```

幅優先探索

次に、幅優先探索で実装してみます（リスト4.16）。

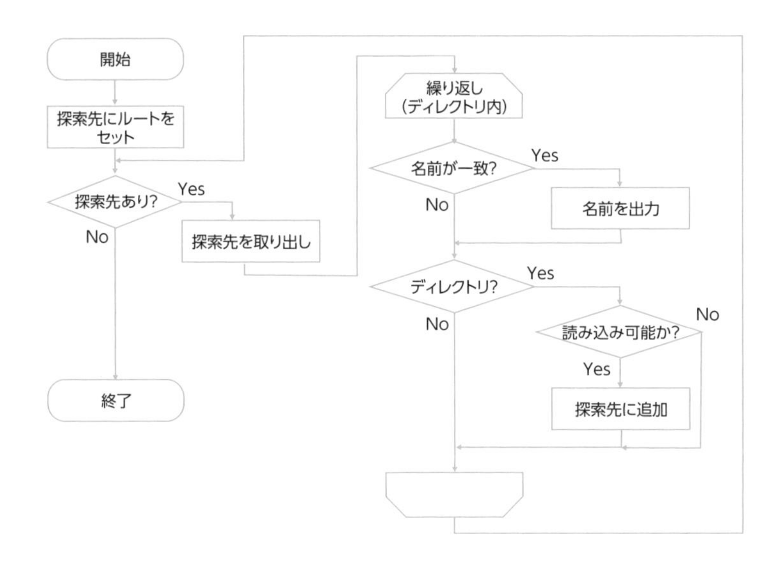

リスト4.16　search_file2.py

```
import os

queue = ['/']

while len(queue) > 0:
    dir = queue.pop()
    for i in os.listdir(dir):
        if i == 'book':
            print(dir + i)
        if os.path.isdir(dir + i):
            if os.access(dir + i, os.R_OK):
                queue.append(dir + i + '/')
```

3目並べ

3目並べは○×ゲームだと考えるとわかりやすいでしょう。3×3のマス目に○と×を交互に書いて、縦・横・斜めのいずれかに3つを並べたほうが勝ちとなるゲームです。

さまざまな実装が考えられますが、ここでは練習のため、ビット演算を使ってみましょう。先手と後手の両方を別々の変数で保持します。また、2進数の各桁を、9か所のマスに割り当てます。

たとえば、図4.19の左のように2進数で対応づけることで、○と×の状況を図4.19の右のように表現します。

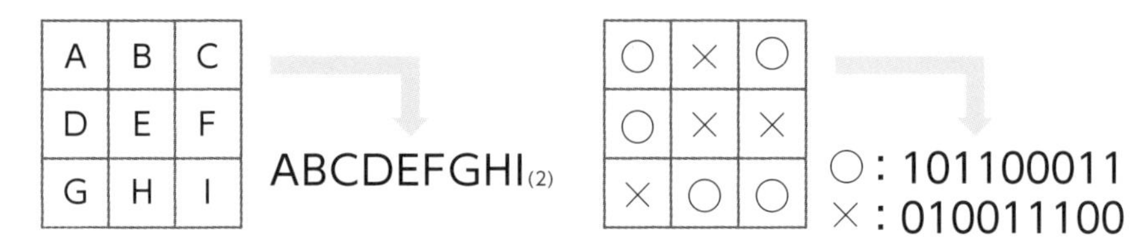

図4.19　**2進数での表現**

このように表現すると、空いているマスは先手と後手の変数に対してOR演算を行なうとチェックできます（すべてのマスが埋まっていると、OR演算を用いるとすべてのビットが1になる）。

勝敗の判定は、同じ記号が3つ並んだ場合で行なうため、3つ並んだパターンを事前に用意しておきます。このパターンとAND演算を行なった結果が、パターンと同じであれば、3つ並んだと判定できます。

たとえば、一番上の段が3つ並んでいるか判定すると、図4.20の左側はAND演算を行なっても一致しませんが、図4.20の右側は一致します。

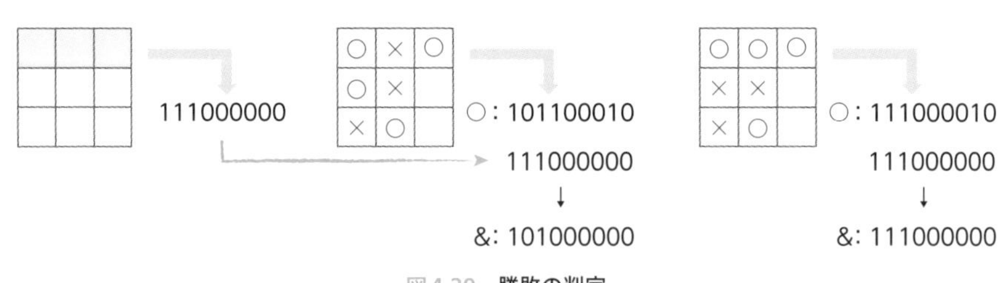

図4.20　**勝敗の判定**

まずは、コンピュータ同士の対戦で、空いているところにランダムに置く方法を考えます。空いている場所は、現在の盤面（双方のOR演算した結果）に対して1桁ずつAND演算を行ない、0となったものを探します（リスト4.17）。

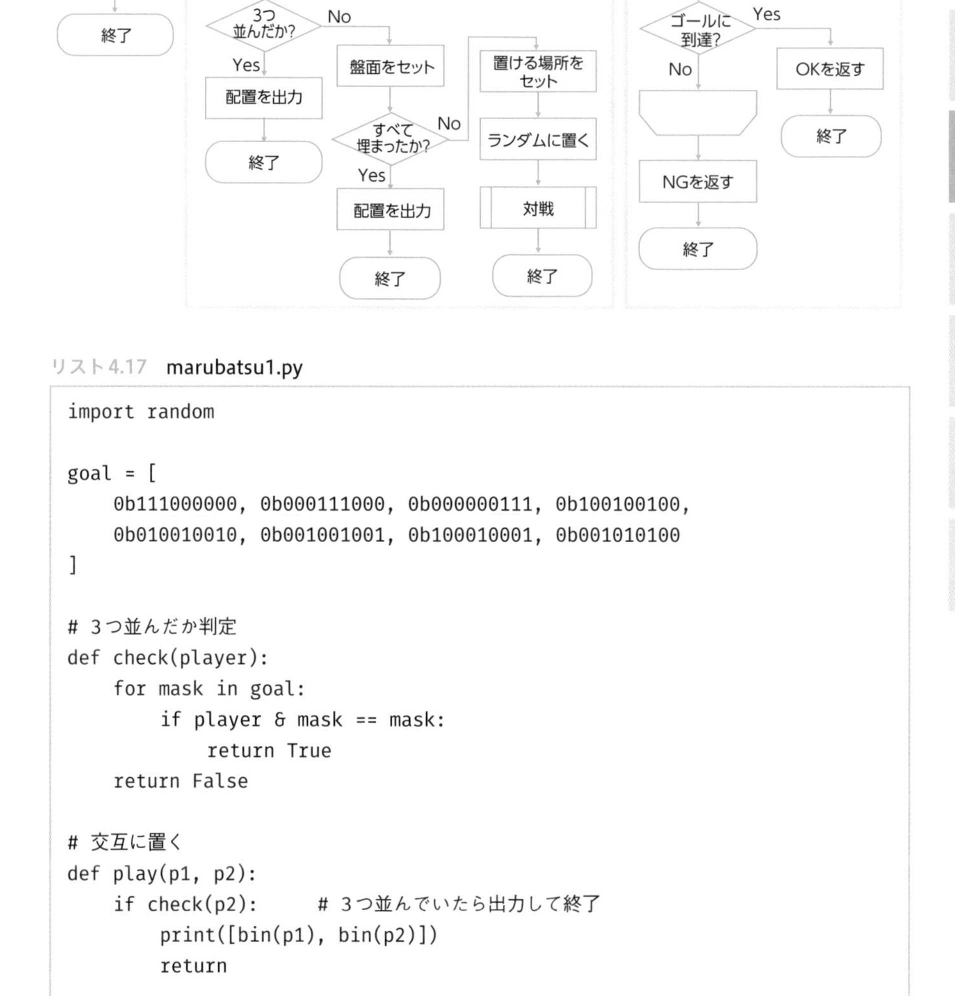

リスト4.17　marubatsu1.py

```
import random

goal = [
    0b111000000, 0b000111000, 0b000000111, 0b100100100,
    0b010010010, 0b001001001, 0b100010001, 0b001010100
]

# 3つ並んだか判定
def check(player):
    for mask in goal:
        if player & mask == mask:
            return True
    return False

# 交互に置く
def play(p1, p2):
    if check(p2):      # 3つ並んでいたら出力して終了
        print([bin(p1), bin(p2)])
        return

    board = p1 | p2
    if board == 0b111111111:     # すべて置いたら引き分けで終了
        print([bin(p1), bin(p2)])
        return
```

```
    # 置ける場所を探す
    w = [i for i in range(9) if (board & (1 << i)) == 0]
    # ランダムに置いてみる
    r = random.choice(w)
    play(p2, p1 | (1 << r))    ←手番を入れ替えて次を探す

play(0, 0)
```

ミニマックス法による評価

空いているところにランダムに置いていくだけでは明らかに勝てる場合にもそこに置かずに勝てないことがありますし、負けるとわかっているところに置いてしまうこともあります。そこで、もう少し高度なプログラムを作成してみます。

つまり、相手の手を考えた上で、一番勝つ可能性が高い場所に書くことにします。このような対戦型のゲームでのコンピュータの思考として、ミニマックス法があります。

ミニマックス法は相手が自分にとって最も不利になる手を指すと仮定して、最善の手を探す方法です。たとえば、人間とコンピュータが対戦するゲームの場合、コンピュータの手番として図4.21のようなa、b、c、dの4つの手の中から1つを選ぶ場面を考えます。一番下にある数字がその局面での評価値です。

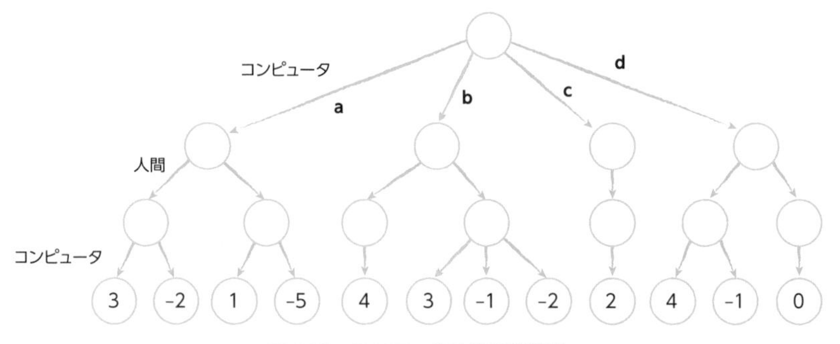

図4.21　ミニマックス法の評価値

まず図4.22の色をつけた部分を埋めることを考えます。この局面におけるコンピュータにとって最も有利な手を考えるため、選択できる手の中から最も評価値の高い手を選びます。

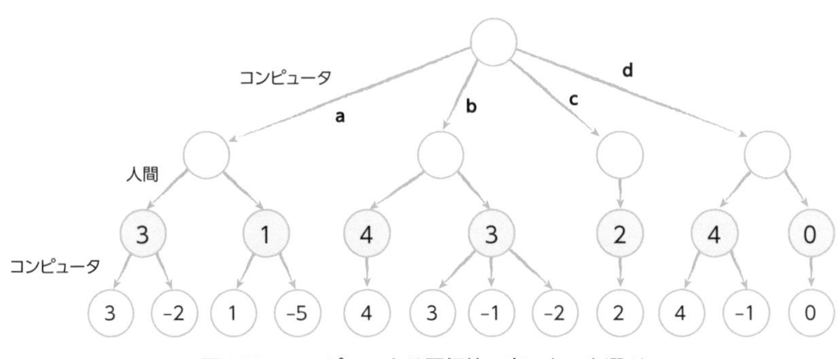

図4.22　コンピュータは評価値の高いものを選ぶ

次に、人間の手番ではコンピュータにとって最も不利な手を考えます。つまり図4.23の色をつけた部分に、選択できる手の中から最も評価値の低い手を選びます。

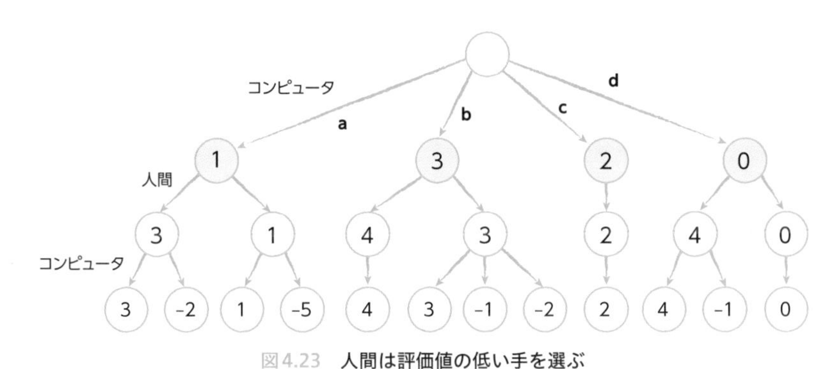

図4.23　人間は評価値の低い手を選ぶ

最後に、4つの中からコンピュータが最も有利な手を考えるため、図4.23の中で最も評価値の高いbが選ばれます。

これを実装してみます。なお、今回の○×ゲームの評価値として、勝てば1ポイント、負ければ-1ポイント、引き分けなら0ポイントとします（リスト4.18)。

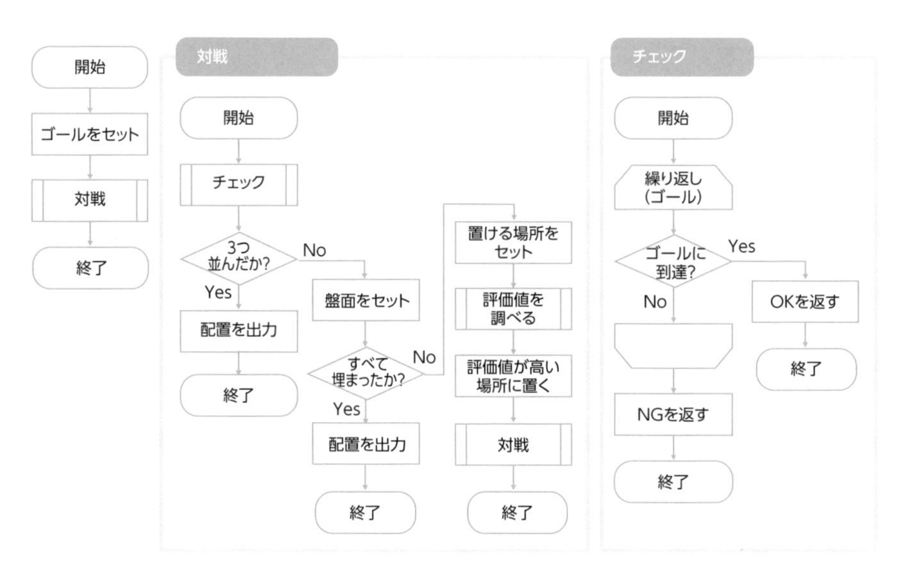
開始
ゴールをセット
対戦
終了
対戦
開始
チェック
3つ並んだか?
No
Yes
配置を出力
終了
盤面をセット
すべて埋まったか?
No
Yes
配置を出力
終了
置ける場所をセット
評価値を調べる
評価値が高い場所に置く
対戦
終了
チェック
開始
繰り返し(ゴール)
ゴールに到達?
Yes
No
OKを返す
終了
NGを返す
終了

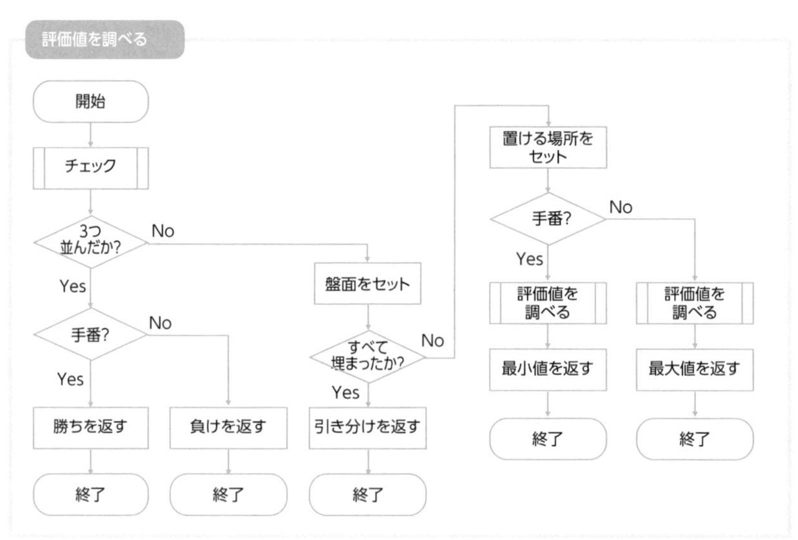
評価値を調べる
開始
チェック
3つ並んだか?
No
Yes
手番?
No
Yes
勝ちを返す
終了
負けを返す
終了
盤面をセット
すべて埋まったか?
No
Yes
引き分けを返す
終了
置ける場所をセット
手番?
No
Yes
評価値を調べる
最小値を返す
終了
評価値を調べる
最大値を返す
終了

リスト4.18　marubatsu2.py

```
goal = [
    0b111000000, 0b000111000, 0b000000111, 0b100100100,
    0b010010010, 0b001001001, 0b100010001, 0b001010100
]

# 3つ並んだか判定
def check(player):
    for mask in goal:
        if player & mask == mask:
            return True
    return False

# ミニマックス法
def minmax(p1, p2, turn):
    if check(p2):
        if turn:     ←自分の手番のときは勝ち
            return 1
        else:        ←相手の手番のときは負け
            return -1

    board = p1 | p2
    if board == 0b111111111:    ←すべて埋まっていれば引き分け
        return 0

    w = [i for i in range(9) if (board & (1 << i)) == 0]

    if turn:    ←自分の手番のときは最小値を選ぶ
        return min([minmax(p2, p1 | (1 << i), not turn) for i in w])
    else:       ←相手の手番のときは最大値を選ぶ
        return max([minmax(p2, p1 | (1 << i), not turn) for i in w])

# 交互に置く
def play(p1, p2, turn):
    if check(p2):    # 3つ並んでいたら出力して終了
        print([bin(p1), bin(p2)])
        return

    board = p1 | p2
    if board == 0b111111111:    # すべて置いたら引き分けで終了
        print([bin(p1), bin(p2)])
        return
```

```
    # 置ける場所を探す
    w = [i for i in range(9) if (board & (1 << i)) == 0]
    # 各場所に置いたときの評価値を調べる
    r = [minmax(p2, p1 | (1 << i), True) for i in w]
    # 評価値が一番高い場所を取得する
    j = w[r.index(max(r))]
    play(p2, p1 | (1 << j), not turn)

play(0, 0, True)
```

これを実行すると、次のような結果が得られます。

実行結果　marubatsu2.py（リスト4.18）を実行

```
C:¥>python marubatsu2.py
['0b10011100', '0b101100011']
C:¥>
```

これは、図4.24のような手順で進んでいます。それぞれが負けないように手を選んでいることがわかります。

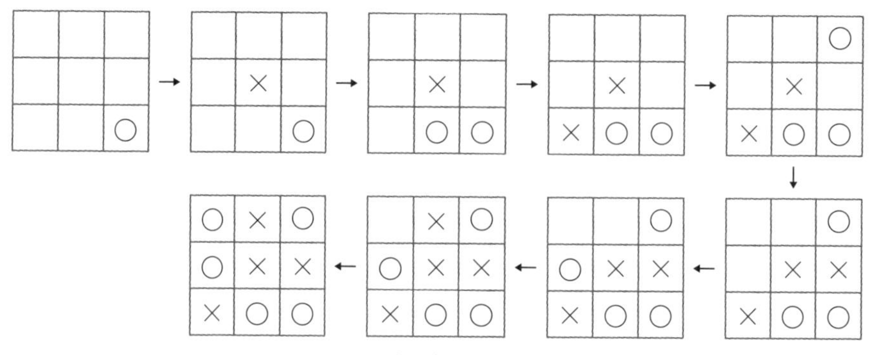

図4.24　プログラムが指した手

ただし、このプログラムでは何度実行しても同じ結果しか得られず、面白くありません。同じ評価値の場合、最初のものを選んでいるため、これを同じ評価値の中からランダムに選ぶようにしてみます（リスト4.19）。

開始
ゴールをセット
対戦
終了

対戦

開始
チェック
3つ並んだか?
No
Yes
配置を出力
終了
盤面をセット
すべて埋まったか?
No
Yes
配置を出力
終了
置ける場所をセット
評価値を調べる
評価値が高い場所のリストを取得
ランダムな場所に置く
対戦
終了

チェック

開始
繰り返し(ゴール)
ゴールに到達?
Yes
No
OKを返す
終了
NGを返す
終了

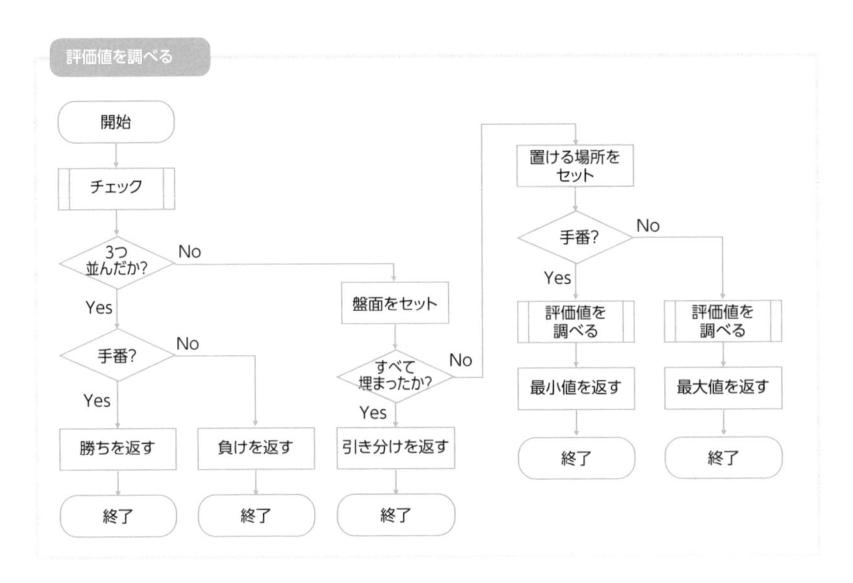

リスト4.19　marubatsu3.py

```
import random

goal = [
    0b111000000, 0b000111000, 0b000000111, 0b100100100,
    0b010010010, 0b001001001, 0b100010001, 0b001010100
]

# 3つ並んだか判定
def check(player):
    for mask in goal:
        if player & mask == mask:
            return True
    return False

# ミニマックス法
def minmax(p1, p2, turn):
    if check(p2):
        if turn:
            return 1
        else:
            return -1

    board = p1 | p2
    if board == 0b111111111:
        return 0

    w = [i for i in range(9) if (board & (1 << i)) == 0]

    if turn:
        return min([minmax(p2, p1 | (1 << i), not turn) for i in w])
    else:
        return max([minmax(p2, p1 | (1 << i), not turn) for i in w])

# 交互に置く
def play(p1, p2, turn):
    if check(p2): # 3つ並んでいたら出力して終了
        print([bin(p1), bin(p2)])
        return

    board = p1 | p2
    if board == 0b111111111: # すべて置いたら引き分けで終了
        print([bin(p1), bin(p2)])
```

```
        return

    # 置ける場所を探す
    w = [i for i in range(9) if (board & (1 << i)) == 0]
    # 各場所に置いたときの評価値を調べる
    r = [minmax(p2, p1 | (1 << i), True) for i in w]
    # 評価値が一番高い場所を取得する
    i = [i for i, x in enumerate(r) if x == max(r)]
    # ランダムに1つ選ぶ
    j = w[random.choice(i)]
    play(p2, p1 | (1 << j), not turn)

play(0, 0, True)
```

このように変更すると、さまざまな結果が得られます。ただし、双方が負けないように選ぶので、常に引き分けになります。3目並べでは、双方が正しい手を選べば、確実に引き分けになるのです。

今回はコンピュータ同士の対戦で実装しましたが、ぜひ人間とコンピュータが対戦できるように作り変えてみてください。第2章で解説した、入力を受け付ける方法などを使うと、それほど難しくないでしょう。

現実的には重要な枝刈り

上記の3目並べでは人間とコンピュータの双方について、すべてのパターンを探索しました。3目並べであれば、最大でも9手しかないため、全パターンを探索してもそれほど時間はかかりませんが、囲碁や将棋などを考えると全パターンを調べることは不可能です。

このため、一定の基準を設けて、その基準を満たさないものは探索しないようにしなければなりません。このような手法を「枝刈り」といいます。探索する手数を決めるだけでなく、評価値が一定の数を下回ったら（上回ったら）終了する、などの条件を事前に決めておきます。

できるだけ早い段階で枝刈りができると、探索する数が少なくなり効率的ですが、本来探索すべきものを捨ててしまうことになると意味がありません。問題の種類に応じて、最適な枝刈り条件を決めることが難しい部分でもあり、楽しい部分でもあるのです。

理解度Check！

●問題1　10階建ての建物でエレベーターを使って1階から10階まで移動するとき、停止する階の組み合わせが何通りあるか求めてください。
なお、ずっと上方向に移動し続け、途中で下に移動することはないものとします。たとえば、5階建ての場合、次の8通りがあります。

(1) 1階→2階→3階→4階→5階
(2) 1階→2階→3階→5階
(3) 1階→2階→4階→5階
(4) 1階→2階→5階
(5) 1階→3階→4階→5階
(6) 1階→3階→5階
(7) 1階→4階→5階
(8) 1階→5階

●問題2　都道府県からいくつかを選んで、その人口の合計が1千万人に最も近い組み合わせとその人口を求めてください。
なお、2015年（平成27年）の国勢調査による各都道府県の人口は次の表のようになっています。

https://www.stat.go.jp/data/kokusei/2015/kekka.html

都道府県	人口	都道府県	人口	都道府県	人口
北海道	5,381,733	青森県	1,308,265	岩手県	1,279,594
宮城県	2,333,899	秋田県	1,023,119	山形県	1,123,891
福島県	1,914,039	茨城県	2,916,976	栃木県	1,974,255
群馬県	1,973,115	埼玉県	7,266,534	千葉県	6,222,666
東京都	13,515,271	神奈川県	9,126,214	新潟県	2,304,264
富山県	1,066,328	石川県	1,154,008	福井県	786,740
山梨県	834,930	長野県	2,098,804	岐阜県	2,031,903
静岡県	3,700,305	愛知県	7,483,128	三重県	1,815,865
滋賀県	1,412,916	京都府	2,610,353	大阪府	8,839,469
兵庫県	5,534,800	奈良県	1,364,316	和歌山県	963,579
鳥取県	573,441	島根県	694,352	岡山県	1,921,525
広島県	2,843,990	山口県	1,404,729	徳島県	755,733
香川県	976,263	愛媛県	1,385,262	高知県	728,276
福岡県	5,101,556	佐賀県	832,832	長崎県	1,377,187
熊本県	1,786,170	大分県	1,166,338	宮崎県	1,104,069
鹿児島県	1,648,177	沖縄県	1,433,566		

データの並べ替えにかかる時間を比べる

5.1　身近な場面でも使われる「並べ替え」とは？
5.2　選択ソート
5.3　挿入ソート
5.4　バブルソート
5.5　ヒープソート
5.6　マージソート
5.7　クイックソート
5.8　処理速度を比較する

5.1 身近な場面でも使われる「並べ替え」とは？

- ✔ 身近な場面での並べ替えについて考える。
- ✔ ソートのアルゴリズムを学ぶ理由を知る。

私たちがデータを扱うとき、よく使う操作に「並べ替え（ソート）」があります。このような並べ替えを行なうときに、どのように処理するのが最も効率よい手順なのか、考えてみましょう。

並べ替えが求められる場面

普段の私たちの生活の中で、並べ替えを行なう場面を考えてみましょう。住所録を作れば五十音順に並べますし、ファイルやフォルダも五十音順だけでなく更新日時などで並べ替えます。

これは大人に限らず、こどもたちの場合でもトランプで手元に配られたカードを並べ替える場面が考えられます。「7並べ」などのゲームをする場合、手元のカードが数字の順番に並んでいると、出すカードをすぐに選べます。

並べる順番は、小さいほうから順に、とは限りません。売上が多い商品を調べるには売上が多いほうから順に並べますし、来店者数が多い店舗を調べるにはその人数が多いほうから並べます。また、並べ替える基準も数字や文字、日付などさまざまなもので並べ替えを行ないます。

ただし、いずれもコンピュータでは数字として扱って並べ替えています。データがファイルであっても、それらのファイル名などを基準にして並べ替えます。ここでは、データがリストに格納されていることとし、そのデータを昇順に並べ替えることを考えます（図5.1）。

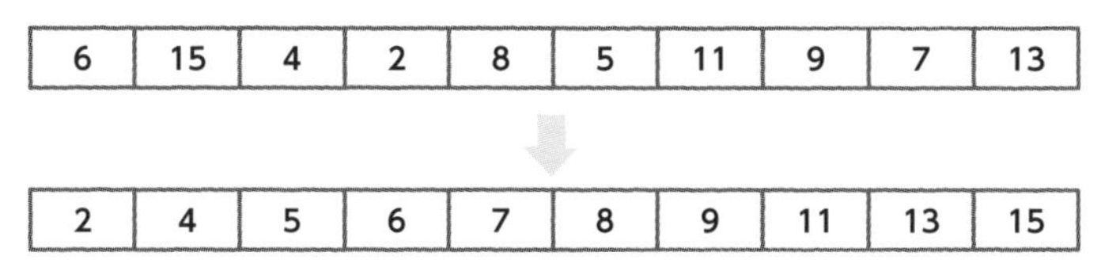

図5.1　並べ替え（ソート）の概要

ソートのアルゴリズムを学ぶ理由

10件くらいの数字であれば、人間が手作業でも簡単に並べ替えられますが、データが数万件、数億件となると効率的な方法が求められます。この並べ替え方法として、いろいろな手順が考えられ、そのアルゴリズムは古くから研究の対象になってきました。

最近ではライブラリを使うことが一般的ですが、その実装を知っておくことは大切です。ソートは基本的な問題ですが、その考え方は他のプログラムを作るにあたって参考になる部分が多いものです。

たとえば、ループや条件分岐、リストの扱い、関数の作成、再帰呼び出しといったプログラミングの基本を学べるだけでなく、計算量の比較やその必要性を示す理想的な問題だともいえます。しかも、それぞれの処理はシンプルで、実装にそれほど時間がかかるわけでもなく、実用的なプログラムです。このため、多くの教科書で使われています。

第4章で解説した二分探索を行なうにもソートは必要です。二分探索がいくら効率的でも、ソートが遅いと意味がありません。このため、高速なアルゴリズムを考えることは必須であるといえます。

Memo リストで扱う値

以降で解説するリストで扱う値は、いずれも正の整数で重複していませんが、実際には負の数や小数、重複する数が存在しても問題なく実行できます。

5.2 選択ソート

- 選択ソートの処理手順を理解し、実装できるようになる。
- 選択ソートの計算量を理解する。

小さいものを選ぶ

選択ソートは、リストの中から最も小さい要素を選んで、前に移動する方法です。まず、リストの要素をすべて調べて最小の値を探し、見つかった値をリストの先頭と交換します。

ここで、リストの中で、最も小さい要素がある位置を見つける方法を考えてみましょう。よく使われる方法として、先頭から順に調べながら、それまでの要素よりも小さい値が登場すれば、その場所を記録する、という方法があります。

最初に、変数に先頭の位置を入れておき、リストを線形探索のように順に探しながら比べると、リスト5.1のように実装できます。

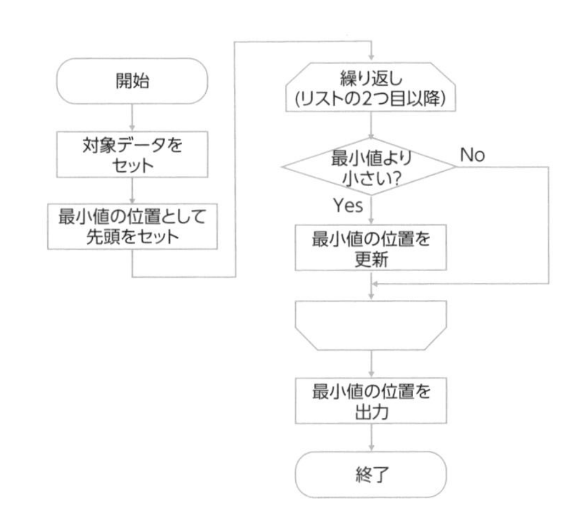

リスト5.1　search_min.py

```
data = [6, 15, 4, 2, 8, 5, 11, 9, 7, 13]

min = 0                ←最小値の位置の初期値として先頭を設定
for i in range(1, len(data)):
    if data[min] > data[i]:
        min = i        ←最小値が更新されたらその位置をセット

print(min)
```

これを実行すると、最小の要素である「2」の位置として「3」が出力されます。

実行結果　search_min.py（リスト5.1）を実行

```
C:¥>python search_min.py
3
C:¥>
```

これを選択ソートでも使います。最初は、リスト全体の中から最小の値を探し、見つかった位置（の値）と先頭（の値）を交換します（図5.2）。

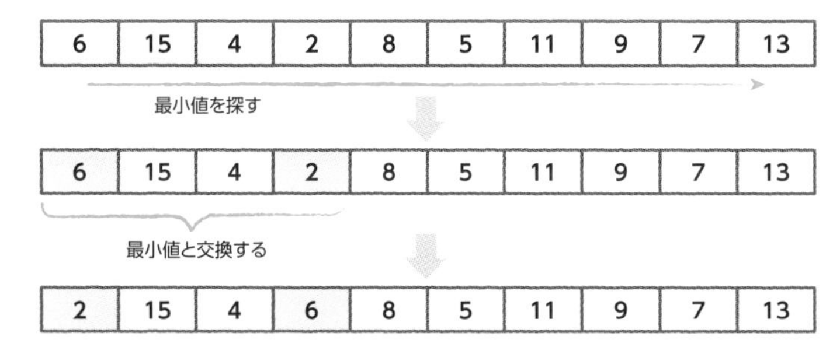

図5.2　選択ソート

次に、リストの2番目以降の要素から最小の値を探し、2番目（の値）と交換します。これをリストの最後の要素まで繰り返すと、ソートが完了です。

選択ソートの実装

Pythonで実装すると、リスト5.2のように書けます。

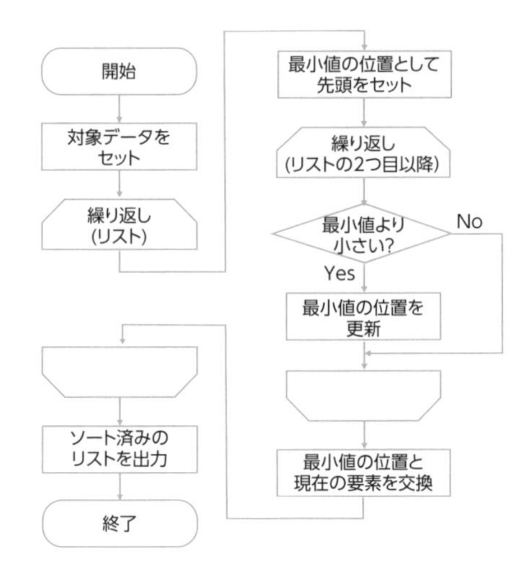

リスト5.2　select_sort.py

```
data = [6, 15, 4, 2, 8, 5, 11, 9, 7, 13]

for i in range(len(data)):
    min = i                  ←最小値の位置をセット
    for j in range(i + 1, len(data)):
        if data[min] > data[j]:
            min = j          ←最小値が更新されたらその位置をセット

    # 最小値の位置と現在の要素を交換
    data[i], data[min] = data[min], data[i]

print(data)
```

内側のループは、先ほど紹介した最小の値を探す方法を使っています。調べたものより小さい値が見つかったリストのインデックスを保存しておき、ループを抜けた後にそのインデックスにある値と交換しています。

このプログラムを実行すると、次の結果が得られ、正しく並べ替えられていることがわかります。

実行結果　select_sort.py（リスト5.2）

```
C:¥>python select_sort.py
[2, 4, 5, 6, 7, 8, 9, 11, 13, 15]
C:¥>
```

選択ソートの計算量

1つ目の最小値を探すには、残りのn-1個の要素と比較が必要で、同じように2つ目の最小値を探すにはn-2回の比較が必要です。このため、全体での比較回数は$(n-1)+(n-2)+\cdots+1=\frac{n(n-1)}{2}$となります（この計算については、第4章のコラム「平均を求める」→p.118を参照してください）。

入力されたデータが小さい順に並んでいた場合、入れ替えは一度も発生しませんが、比較は必要です。比較回数である$\frac{n(n-1)}{2}$は$\frac{1}{2}n^2-\frac{1}{2}n$と変形できますが、前半の$n^2$と比べて後半の$n$の部分は$n$の値が大きくなると無視できるため、その計算量は$O(n^2)$です。

連結リストでのソート

本書では、ソートのアルゴリズムを紹介するときのデータ構造にリスト（配列）を使っています。しかし、実際には連結リストで構成されたデータを使うこともあるでしょう。

もちろん、連結リストであってもリストと同じような手法でソートを実装することは可能ですが、単純に要素番号でアクセスするのではなく、各要素が持つ次のアドレスを書き換える必要があります。

以降で解説するソートについても、読み終えた後に連結リストでのソートを実装してみてください。そして、その計算量についても考えてみてください。ソートの手法について理解が深まるだけでなく、連結リストも使いこなせるようになるので一石二鳥ですよ。

5.3 挿入ソート

- 挿入ソートの処理手順を理解し、実装できるようになる。
- 挿入ソートの計算量を理解する。

ソート済みのリストに追加する

挿入ソートは、ソート済みのリストに、追加するデータを先頭から順に比較し、格納する位置を見つけて追加する方法です。実際には、先頭部分をソート済みと判断し、残りを適切な位置に挿入していくと考えます（図5.3）。つまり、挿入された位置よりも後ろのデータは1つずつ後ろにずらすことになります。

最初は、左端の数字をソート済みにします（①）。図5.3のデータの場合、6のみがソート済みです。次に、残りのデータの中から左端の数字15を取り出し、ソート済みの値と比較します（②）。ここでは6と15を比較して、そのまま並べ替えずに2つのデータをソート済みとします。

さらに、残りのデータの中から左端の数字4を取り出し、ソート済みの値と比較します（③）。この場合は、6、15の2つの値と比較するので、4が左端に入ります。

図5.3 挿入ソート

後ろから移動する

6、15、4という並びを4、6、15という順番に並べ替えるとき、どのように実装するかを考えます（図5.3の①～③）。左端に4を入れたいのですが、リストの先頭にはすでに6が入っているので、これを移動する必要があります。しかし、その移動先であるリストの2つ目には15が入っています。そこで、この15も移動する必要があります。

そこで、一時的に用意した変数に移動する値4を入れておき、他の6や15を1つずつ後ろに移動する方法を考えます。このとき、前から順に移動すると、後ろの値を上書きしてしまうので、移動する部分をリストの後ろから順にコピーします（図5.4）。

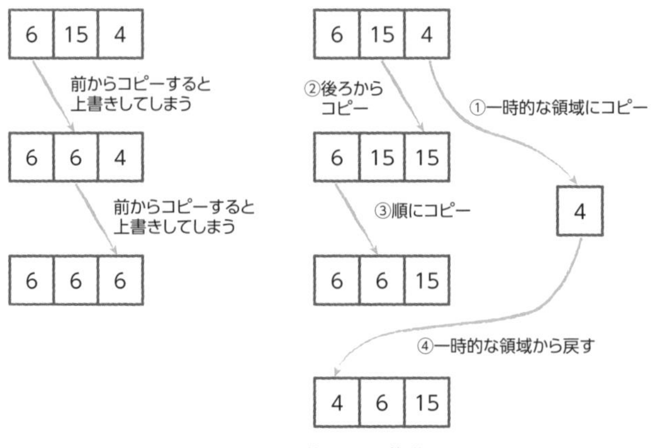

図5.4　**後ろから移動**

そして、コピーが終われば、一時的に保存した値4を先頭にコピーして、並べ替えが完了します。この作業を最後まで繰り返すと、処理が完了します。

挿入ソートの実装

もし左の数字が小さければ、それ以上の比較は必要なく、入れ替えも発生しません。しかし、ソート済みの数字よりも小さい値であれば、その数字が一番左になるまで比較と交換が行なわれます。

リスト5.3のプログラムを実行すると、選択ソートと同様に、問題なくソートされていることがわかります。

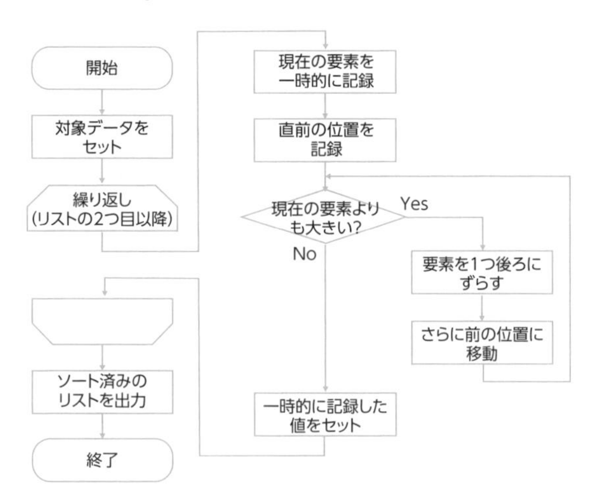

リスト5.3　insert_sort.py

```
data = [6, 15, 4, 2, 8, 5, 11, 9, 7, 13]

for i in range(1, len(data)):
    temp = data[i]           ←現在の要素を一時的に記録
    j = i - 1
    while (j >= 0) and (data[j] > temp):
        data[j + 1] = data[j]  ←要素を1つずつ後ろにずらす
        j -= 1
    data[j + 1] = temp         ←一時的な領域から戻す

print(data)
```

実行結果　insert_sort.py（リスト5.3）を実行

```
C:¥>python insert_sort.py
[2, 4, 5, 6, 7, 8, 9, 11, 13, 15]
C:¥>
```

挿入ソートの計算量

最悪の場合、左から2つ目で1回、3つ目で2回、と繰り返して右端でn-1回の比較と交換が発生するため、合計で$1+2+\cdots+(n-1)=\frac{n(n-1)}{2}$回となります（これも第4章のコラム「平均を求める」→p.118と同じ）。このため、挿入ソートの計算量は$O(n^2)$です。しかし、一度も交換が発生しない場合は、比較のみで済むため$O(n)$で処理できます。

トランプのカードを並べ替えるような場合には、選択ソートやこの挿入ソートと似た方法を使う人が多いでしょう。トランプであれば、他のカードを移動させる必要はなく、間に挟み込むだけですが、リストで処理をする以上、この移動処理が大きな問題になる場合があります。

二分探索挿入ソート

挿入ソートでは、前半から順にソートされていきます。つまり、前半はソートされているので、挿入する位置を調べるときに、第4章で解説した二分探索の方法が使えそうだと考える人もいるでしょう。

これは事実です。二分探索を使うと、単純な挿入ソートよりも挿入する位置を高速に求められます。ただ、問題なのは挿入するときのリストの移動です。つまり、挿入する位置を高速に求めたとしても、そこから後ろにリストの各要素を移動する処理については同じだけ時間がかかります。

そして、挿入ソートの多くの時間はこの移動にかかっています。つまり、二分探索を使って挿入位置を決めても、あまり効果が得られません。処理が複雑になるだけなので、一般的には使われていません。

連結リストによる挿入ソート

挿入ソートの場合、問題なのがリストの移動でした。これは、リストのデータ構造に問題があると考えられます。リストである以上、1つずつデータを移動することは必須です。

しかし、リストではなく連結リストを使うと、この問題を解決できそうです。連結リストでは、O(1)の計算量で挿入できます。つまり、挿入する位置が求められれば、ソートを高速化できそうです。

ところが、挿入する位置を求めるには先頭からのループが必要です。二分探索ができれば高速に処理できるのですが、連結リストでは二分探索が使えません。結果として、連結リストを使っても効果が得られません。むしろ、リストのように連続して処理ができないため、処理速度は低下してしまいます。

5.4 バブルソート

✔ バブルソートの処理手順を理解し、実装できるようになる。
✔ バブルソートの計算量を理解する。

隣同士で交換する

選択ソートも挿入ソートも、リストの要素を交換しながら処理しています。このため、「交換ソート」と呼べなくもありませんが、一般的に「交換ソート」というときは「バブルソート」のことを指します。

バブルソートは、リストの隣り合ったデータを比較して、大小の順序が違っているときは並べ替えていく方法です（図5.5）。データが移動していく様子を、水中で泡が浮かんでいく様子に例えて、バブルソートという名前が付けられています。

リストの先頭と次のデータからはじめて、左のほうが大きければ右と交換することを、1つずつずらしながら繰り返します。リストの最後尾まで到達すると、1回目の比較は終了です。

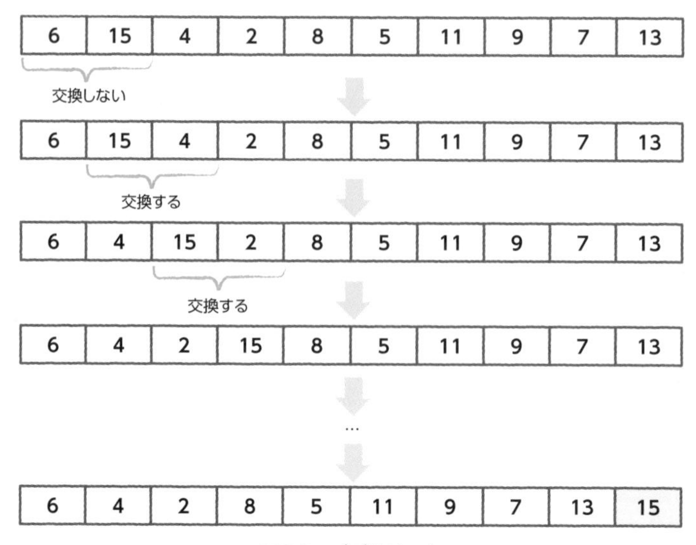

図5.5　バブルソート

このとき、リストの最後尾にはデータの最大値が入ります。2回目は一番右端を除いて同様の比較を行なうと、最後から2番目が決まります。これを繰り返すと、すべてが並べ替えられ、ソートは終了です。

バブルソートの実装

これをPythonで実装すると、リスト5.4のように書けます。

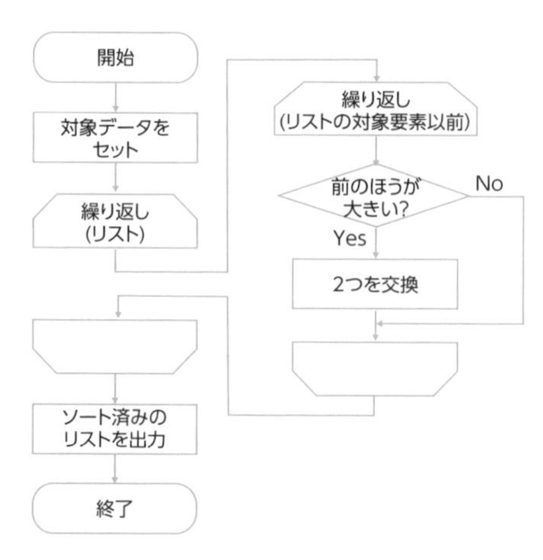

リスト5.4　bubble_sort.py

```
data = [6, 15, 4, 2, 8, 5, 11, 9, 7, 13]

for i in range(len(data)):
    for j in range(len(data) - i - 1):    ←ソート済みの部分以外でループ
        if data[j] > data[j + 1]:         ←前のほうが大きいとき
            data[j], data[j + 1] = data[j + 1], data[j]

print(data)
```

実行結果　bubble_sort.py（リスト5.4）を実行

```
C:¥>python bubble_sort.py
[2, 4, 5, 6, 7, 8, 9, 11, 13, 15]
C:¥>
```

バブルソートは、1回目にn-1回の比較・交換を行ないます。また、2回目には、n-2回の比較・交換を行ないます。このため、比較・交換の回数は、$(n-1)+(n-2)+\cdots+1=\frac{n(n-1)}{2}$と計算できます（これは選択ソート、挿入ソートと同様）。

この回数は、入力データがどのような並び順であっても同じです。入力されたデータが事前に並んでいると交換は発生しませんが、比較は同じだけの回数を行なわなければなりません。つまり、上記のように実装すると、計算時間はデータの並び順にかかわらず常に$O(n^2)$です。

バブルソートの改良

バブルソートで変更が発生しなかった場合に処理を打ち切り、高速化することを考えます。処理中に交換が起こったかどうかを記録し、交換が起こらなかった場合はそれ以降の処理を行なわないものとします。

たとえば、リスト5.5では、交換が発生したかどうかを保存するchangeという変数を用意しています。交換が発生しているとchangeにTrueという値を、発生していない場合はFalseという値をセットしています。そして、交換が発生しなかった場合は、ループを抜けて処理を終了しています。

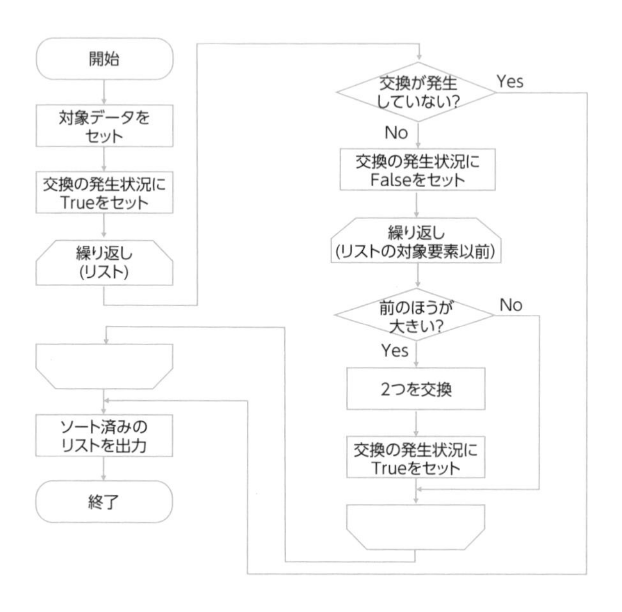

リスト5.5　bubble_sort2.py

```
data = [6, 15, 4, 2, 8, 5, 11, 9, 7, 13]

change = True
for i in range(len(data)):
    if not change:          ←交換が発生していなければ終了
        break
    change = False          ←交換が発生していないものとする
    for j in range(len(data) - i - 1):
        if data[j] > data[j + 1]:
            data[j], data[j + 1] = data[j + 1], data[j]
            change = True ←交換が発生した

print(data)
```

このように改良すると、ソート済みのデータが与えられた場合は外側のループを一度だけ処理して終了するため、計算時間が$O(n)$となります。ただし、一般的にはソート済みのデータが与えられることは少なく、最悪時間計算量が$O(n^2)$であることは変わりません。

5.5 ヒープソート

✔ ヒープソートの処理手順を理解し、実装できるようになる。
✔ ヒープソートの計算量を理解する。

リストを効率よく使うデータ構造を知る

リストにデータを格納するとき、すでにいくつかデータが格納されている場合、途中にデータを入れると残りの要素をすべて動かす必要があります。リストからデータを取り出す場合も、取り出した要素を削除した部分を詰めないと間が空いてしまいます（図5.6）。

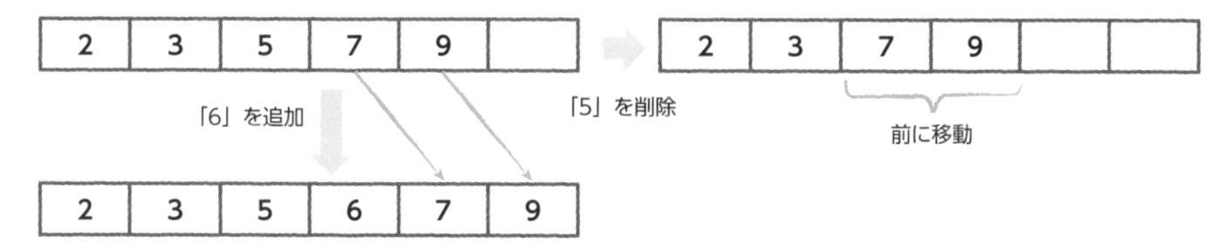

図5.6　リストへの挿入と削除

そこで、データを先頭か末尾から出し入れすることで効率よく処理することを考えます。このような場合によく使われるデータ構造として、「スタック」と「キュー」が有名です。いずれもリストを用いてデータを表現しますが、そのデータの格納順序や取り出す順序が異なります。

最後に入れたものから取り出すスタック

リストへの追加と取り出しを繰り返すとき、最後に格納したデータから順に取り出す構造をスタック（Stack）といいます。英語では「積み上げる」という意味があり、箱のようなものを積み重ねたとき、上から順に取り出すように、一方向だけを使ってデータを出し入れする方法です（図5.7）。

図5.7　スタックのイメージ

最後に格納したデータを最初に取り出すので、「LIFO（Last In First Out：後入れ先出し）」とも呼ばれます。スタックにデータを格納することをプッシュ、取り出すことをポップと呼びます（図5.8）。

リストを使ってスタックを表現する場合、リストの最後の要素がある位置を記憶しておきます。これにより、追加するデータを入れる場所や削除するデータの場所がわかるので、データの追加や削除を高速に処理できます。このとき、リストの要素数を超えないように注意が必要です。

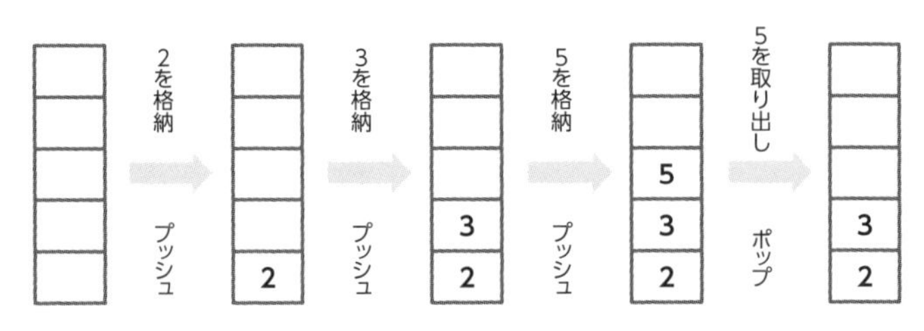

図5.8　スタック

スタックを実装する

スタックに要素を追加する場合は、リストの末尾に要素を追加するだけなので、第1章で解説したappend関数を使用します（リスト5.6）。逆に、リストの末尾から要素を取り出すには、pop関数を使用します。pop関数を実行すると、戻り値としてリストの末尾の要素が返されるだけでなく、リストからもその要素が削除されます。

リスト5.6　stack.py

```
stack = []

stack.append(3)       ←スタックに「3」を追加
stack.append(5)       ←スタックに「5」を追加
stack.append(2)       ←スタックに「2」を追加

temp = stack.pop()    ←スタックから取り出し
print(temp)

temp = stack.pop()    ←スタックから取り出し
print(temp)

stack.append(4)       ←スタックに「4」を追加

temp = stack.pop()    ←スタックから取り出し
print(temp)
```

実行結果　stack.py（リスト5.6）を実行

```
C:¥>python stack.py
2
5
4
C:¥>
```

なお、Pythonのpop関数は、引数として任意の場所を指定して要素を取り出してその要素を削除できますが、引数を指定しなかった場合は末尾の要素が取り出されます。

最初に入れたものから取り出すキュー

スタックとは逆に、格納した順にデータを取り出していく構造をキュー(Queue)といいます。Queueには「列を作る」という意味があり、ビリヤードで玉を打ち出すときのように、片側から追加されたデータは、反対側から取り出されます（図5.9）。

図5.9 キューのイメージ

最初に入れたデータを最初に取り出すので、「FIFO（First In First Out：先入れ先出し）」とも呼ばれます（図5.10）。キューにデータを格納することをエンキュー、取り出すことをデキューと呼びます。

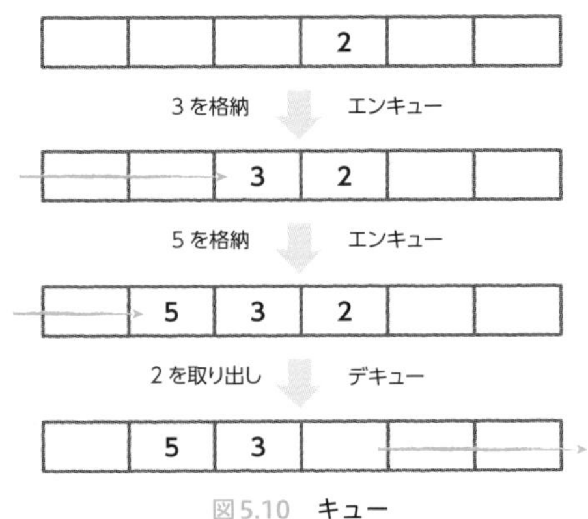

図5.10 キュー

キューを実装する

キューに要素を追加する場合も、スタックと同様にリストの末尾に要素を追加するだけなので、第1章で解説したappend関数を使用できます。ただし、リストの先頭から要素を取り出すときに、pop関数を使用すると、すべての要素の移動が発生します。

Pythonでは、queueというモジュールが用意されています。queueモジュールのQueueクラスを使うと、putメソッドとgetメソッドでそれぞれキューへの追加、取り出しを実装できます（リスト5.7）。

リスト5.7　queue_sample.py

```
import queue

q = queue.Queue()

q.put(3)        ←キューに「3」を追加
q.put(5)        ←キューに「5」を追加
q.put(2)        ←キューに「2」を追加

temp = q.get()  ←キューから取り出し
print(temp)

temp = q.get()  ←キューから取り出し
print(temp)

q.put(4)        ←キューに「4」を追加

temp = q.get()  ←キューから取り出し
print(temp)
```

実行結果　queue_sample.py（リスト5.7）を実行

```
C:¥>python queue_sample.py
3
5
2
C:¥>
```

なお、ここではファイル名を「queue_sample.py」のようにしています。queueモジュールを読み込む場合、ファイル名を「queue.py」のようにしてしまうと、queueモジュールを読み込めずにエラーが発生するので注意してください。

queueモジュールには、スタックのような使い方ができるLIFOキュー（LifoQueue）というクラスも用意されています。さらに、Python 3.7からはSimpleQueueというクラスも提供されるようになりました。これらを使ってみるのもよいでしょう。

木構造で表すヒープ

スタックとキューは一方向からしかデータを出し入れできませんが、ヒープソートでは「ヒープ」と呼ばれるデータ構造を使います。ヒープは第4章で紹介した木構造で構成され、子ノードの値は、親ノードよりも常に大きいか等しい、という制約を持ちます（常に小さいか等しい、という制約の場合もある）。特に、各ノードが最大で2つの子ノードを持つものを二分ヒープといいます。

木の形はデータの個数によって決まり、できるだけ上に、左に詰めて構成されます。なお、子ノードの間の大小関係には制約はありません。

たとえば、図5.11のような木構造で表現したものがヒープです。

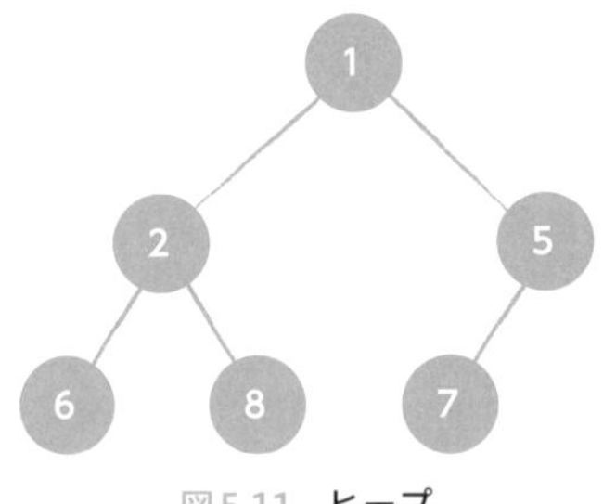

図5.11　ヒープ

ヒープへの要素の追加

ヒープに要素を追加する場合、木構造の最後に要素を追加します。追加した後で、追加した要素と親の要素を比較し、親よりも小さければ親と交換します。もし親のほうが小さければ、交換せず終了します。

上のヒープに「4」を追加してみます。追加した数は、空いている右下に配置されます（図5.12左）。このとき、親の5と比較すると、親よりも小さいため、親子を入れ替えます（図5.12右）。

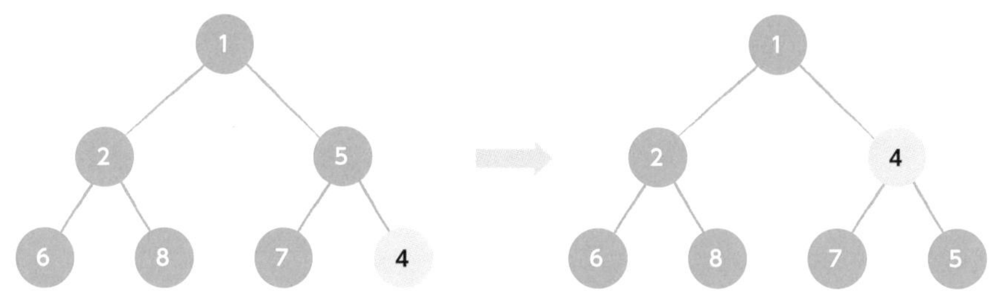

図5.12　ヒープへの要素の追加

この操作を、入れ替えが発生しなくなるまで繰り返します。図5.12の右の場合は、これで完了です。

ヒープからの要素の削除

逆に、要素を取り出すことを考えます。ヒープでの最小値は必ずルートにあります。つまり、最小値を取り出すときはルートだけを見ればよいので、高速に取り出せます。

しかし、「1」を取り出すと、二分木が崩れてしまいます（図5.13左）。そこで、取り出した場合には木を再構成しなければなりません。木を再構成するには、最後尾の要素を一番上に移します（図5.13右）。

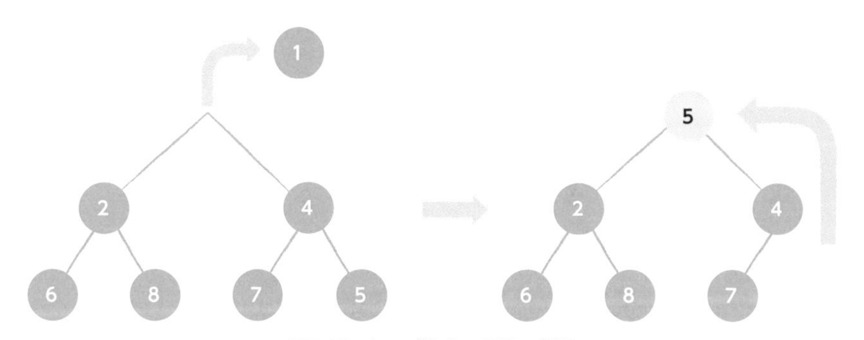

図5.13　ヒープからの要素の削除

移動すると、親子の大小関係が変わってしまうため、親の数字より子の数字が小さい場合は交換を行ないます。ここで、この左右の数字のうち、より小さいほうと入れ替えます。図5.14の場合、5の子である2と4を比べ、2のほうが小さいので、2と交換します。

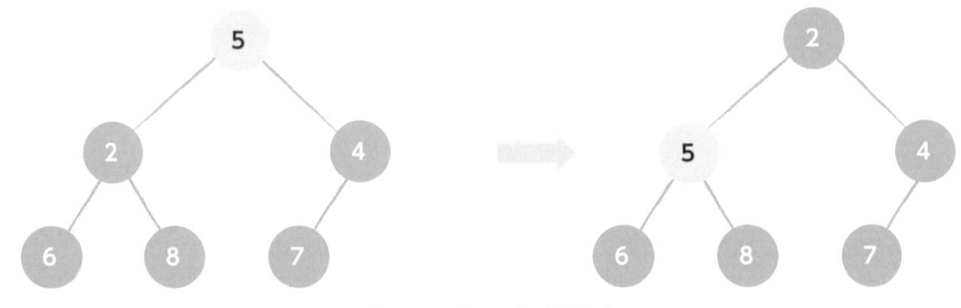

図5.14　ヒープの再構成

この作業を親子での入れ替えが発生しなくなるまで繰り返します。図5.14の場合は右の状態になれば完成です。

ヒープの構成にかかる時間

この追加や取り出しに必要な時間を考えます。追加するときは、木の親を交換する作業を行ないましたが、これは木の高さによって変わります。ヒープは、各ノードが最大2つの子ノードを持つため、n個のノードがある木の高さは$\log_2 n$です。つまり、追加に必要な時間は、$O(\log n)$で計算できます。また、取り出す場合も、木の子と比較して交換する作業を行なうので、同じく$O(\log n)$です。

これをソートにも活用します。最初に、ヒープにすべての数字を格納します。格納した後で、小さい数から順に取り出すと、並べ替えられたデータを構成できます。ヒープが空になるまで取り出すとソートが完了です。

ヒープソートを実装する

これをプログラムで実装することを考えます。二分木をリストで構成するとき、図5.15のような要素番号で考えると、子のインデックスは親のインデックスを2倍＋1と、2倍＋2したものと考えられます。また、親のインデックスは、子のインデックスから1を引いて2で割った商で求められます。

つまり、根のノード番号をiとすると、親ノードは$\frac{i-1}{2}$、左の子ノードは$2i+1$、右の子ノードは$2i+2$となります。これは、図5.15のようにリストで考えられることを意味します。

図5.15　ヒープとリストの関係

そこで、リスト5.8のように実装します。

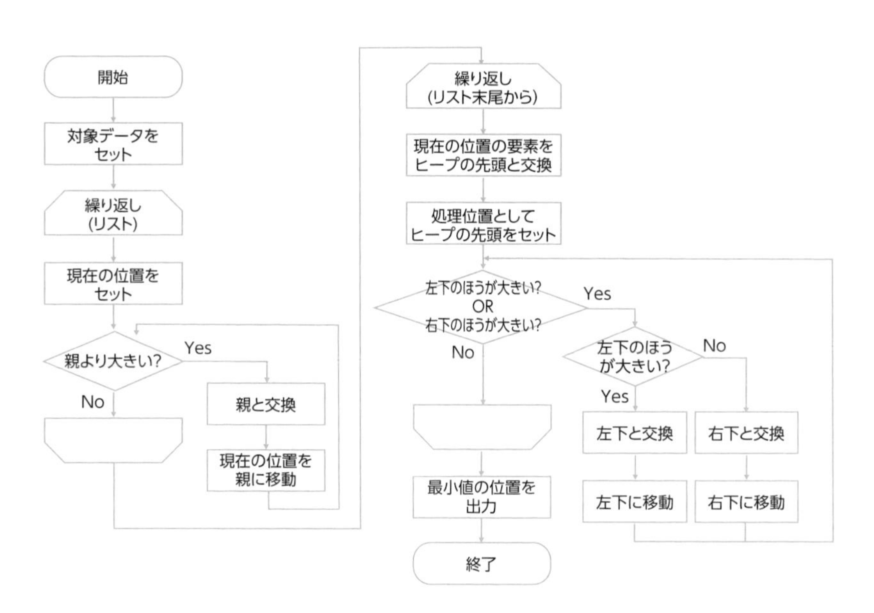

リスト5.8　heap_sort.py

```
data = [6, 15, 4, 2, 8, 5, 11, 9, 7, 13]

# ヒープを構成
for i in range(len(data)):
    j = i
    while (j > 0) and (data[(j - 1) // 2] < data[j]):
        data[(j - 1) // 2], data[j] = data[j], data[(j - 1) // 2]  ←親と交換
        j = (j - 1) // 2    ←親の位置に移動

# ソートを実行
for i in range(len(data), 0, -1):
    # ヒープの先頭と交換
    data[i - 1], data[0] = data[0], data[i - 1]
    j = 0   ←ヒープの先頭から開始
    while ((2 * j + 1 < i - 1) and (data[j] < data[2 * j + 1]))\
                                                      左下のほうが大きい
       or ((2 * j + 2 < i - 1) and (data[j] < data[2 * j + 2])):
                                                      右下のほうが大きい
        if (2 * j + 2 == i - 1) or (data[2 * j + 1] > data[2 * j + 2]):
                                                      左下のほうが大きいとき
            # 左下と交換
            data[j], data[2 * j + 1] = data[2 * j + 1], data[j]
            # 左下に移動
            j = 2 * j + 1
        else:   ←右のほうが大きいとき
            # 右下と交換
            data[j], data[2 * j + 2] = data[2 * j + 2], data[j]
            # 右下に移動
            j = 2 * j + 2

print(data)
```

実行結果　heap_sort.py（リスト5.8）を実行

```
C:¥>python heap_sort.py
[2, 4, 5, 6, 7, 8, 9, 11, 13, 15]
C:¥>
```

最初にヒープを構成するには、n個のデータに対して処理を行なうので、上述のヒープの構成にかかる時間をn倍して$O(n \log n)$の計算量が必要です。また、数字

を１つずつ取り出してソートしたデータを作るのに必要な計算時間もO(n log$n$)です。

つまり、ヒープソートにかかる計算時間はO(n log$n$)で、図5.16のように選択ソートや挿入ソート、バブルソートのO(n^2)に比べて、nが増えたときのほうが小さく、高速に処理できます。ただし、ソースコードを見てわかるように実装は複雑です。

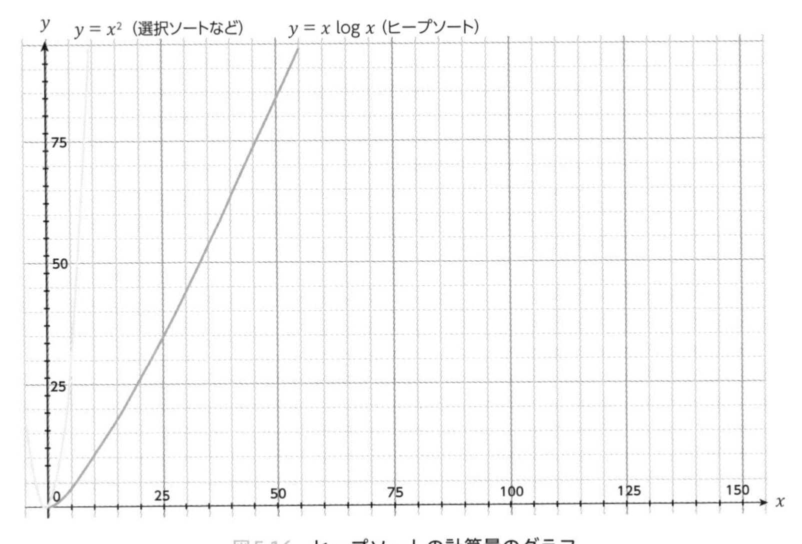

図5.16　ヒープソートの計算量のグラフ

汎用的な実装を作る

上記の方法はソートをすることを前提に実装したものです。しかし、ヒープはソートをするためだけに用いるのではありません。ヒープはリストで実現できますが、根のノードが一番小さな値となり、再構成を繰り返すことで先頭から順次取り出すことが可能な便利なデータ構造です。

そこで、ヒープを構成するプログラムを考えます。ここでは、あるノードとその配下のノードがヒープの条件を満たすようにするため、`heapify`という関数を作成します。

先頭のデータを取り出して、末尾のデータを先頭に移動したときは、ヒープの条件を満たしません。そこで、`heapify`を先頭の要素に対して実行することで、ヒープの条件を満たすように移動します。この関数`heapify`は再帰的に処理を行ないます。

与えられた配列からヒープを作成するため、葉ノード以外のノードを根ノードに向かって順に走査し、各ノードに対して関数**heapify**を適用します。ただし、ヒープは各ノードが最大で2つの子ノードしか持たないため、n/2+1番目以降のノードはすべて葉ノードになります。つまり、後半のノードに対して関数**heapify**を適用する必要はありません。

これを実装すると、リスト5.9のようなプログラムを作成できます。

リスト5.9　heap_sort2.py

```
def heapify(data, i):
    left = 2 * i + 1        ←左下の位置
    right = 2 * i + 2       ←右下の位置
    size = len(data) - 1
    min = i
    if left <= size and data[min] > data[left]:      ←左下のほうが小さいとき
        min = left
    if right <= size and data[min] > data[right]:    ←右下のほうが小さいとき
        min = right
    if min != i:      ←交換が発生するとき
        data[i], data[min] = data[min], data[i]
        heapify(data, min)      ←ヒープを再構成

data = [6, 15, 4, 2, 8, 5, 11, 9, 7, 13]
# ヒープを構成
for i in reversed(range(len(data) // 2)):      ←葉ノード以外を処理
    heapify(data, i)

# ソートを実行
sorted_data = []
for _ in range(len(data)):
    data[0], data[-1] = data[-1], data[0]        ←最後のノードと先頭を入れ替え
    sorted_data.append(data.pop())  ←最小のノードを取り出してソート済みにする
    heapify(data, 0)        ←ヒープを再構成

print(sorted_data)
```

実行結果　heap_sort2.py（リスト5.9）を実行

```
C:¥>python heap_sort2.py
[2, 4, 5, 6, 7, 8, 9, 11, 13, 15]
C:¥>
```

ライブラリを使う

Pythonにはヒープを構成するライブラリ「heapq」が用意されています。このライブラリを使うと、よりシンプルにヒープソートを実装できます。heapqというライブラリを使うと、ライブラリに含まれているheapify関数でヒープを構成し、heappop関数で順に取り出すことができます（リスト5.10）。

リスト5.10　heap_sort3.py

```
import heapq

def heap_sort(array):
    h = array.copy()
    heapq.heapify(h)        ←ヒープを構成
    return [heapq.heappop(h) for _ in range(len(array))]
                                 取り出しながらソート済みのリストを作成

data = [6, 15, 4, 2, 8, 5, 11, 9, 7, 13]
print(heap_sort(data))
```

実行結果　heap_sort3.py（リスト5.10）を実行

```
C:¥>python heap_sort3.py
[2, 4, 5, 6, 7, 8, 9, 11, 13, 15]
C:¥>
```

5.6 マージソート

- ✔ マージソートの処理手順を理解し、実装できるようになる。
- ✔ マージソートの計算量を理解する。

分割して統合する

マージソートは、ソートしたいデータが入ったリストを2つに分割することを繰り返し、すべてがバラバラになった状態から、これらのリストを統合（マージ）する方法です。この統合する際に、そのリスト内で値が小さい順に並ぶように実装することで、全体が1つのリストになったときにはすべての値がソート済みになっています。

たとえば、図5.17のデータを並べ替えてみます。まずはリストを半分ずつに分割していきます。

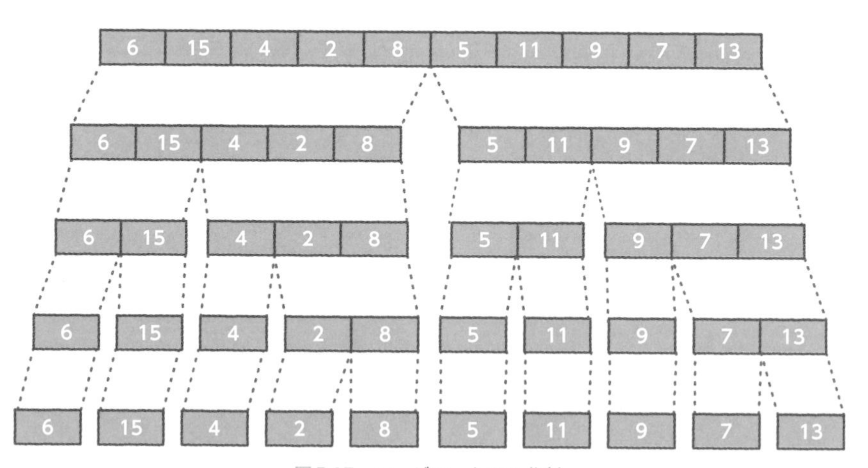

図5.17　マージソートでの分割

このとき、分割したものは新たなリストとして作成します。次に、分割したリストを統合しながら並べ替えます。たとえば、図5.18で[6, 15]と[2, 4, 8]という2つのリストを統合する場面を考えます。

まず先頭の6と2を比較し、小さい2を取り出します。次に残ったリストの先頭にある6と4を比較し、小さい4を取り出します。次は6と8を比較して6を、その次は8と15を比較して8を取り出します。最後に残った15を取り出して完了です。

この作業を、すべての数が1つのグループになるまで繰り返します。

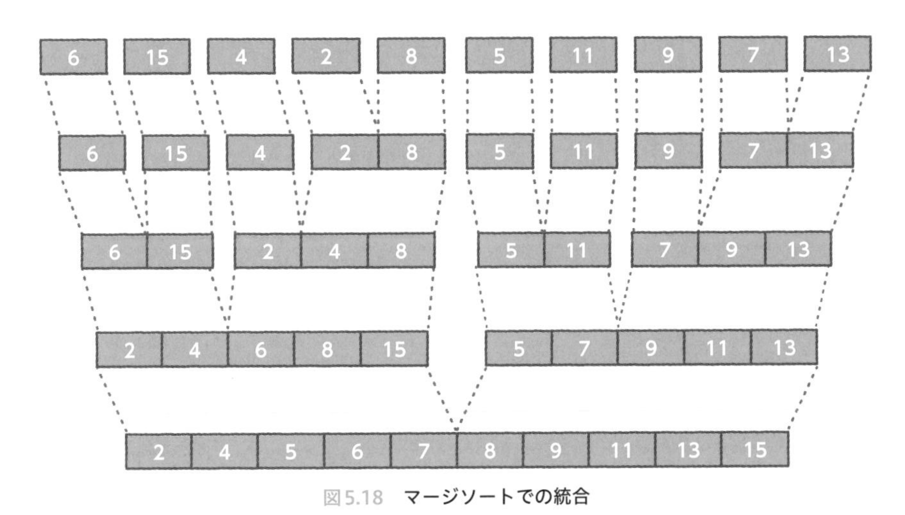

図5.18 マージソートでの統合

マージソートの実装

できあがったリストを見ると、正しく昇順に並んでいます。これをPythonで実装してみます（リスト5.11）。

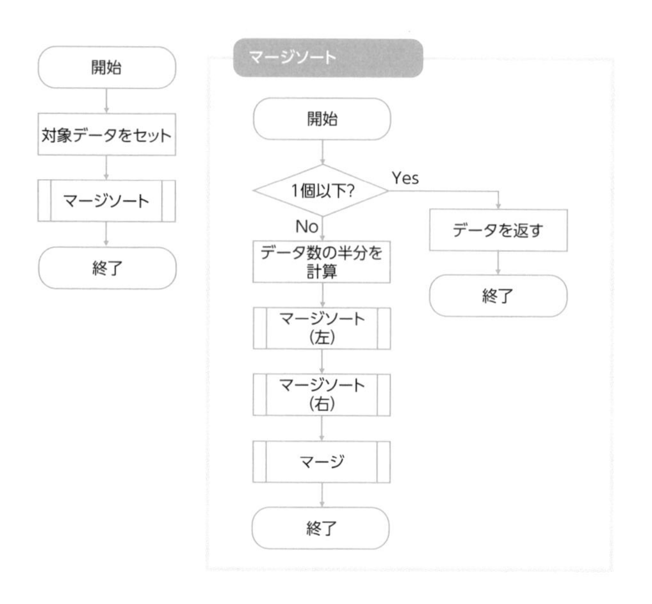
開始
対象データをセット
マージソート
終了
マージソート
開始
1個以下?
Yes
No
データを返す
終了
データ数の半分を
計算
マージソート
(左)
マージソート
(右)
マージ
終了

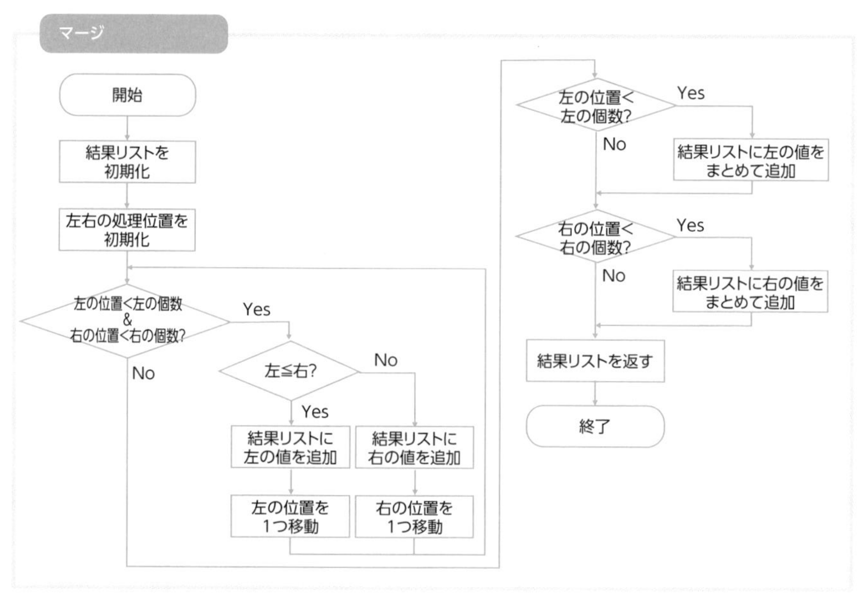
マージ
開始
結果リストを
初期化
左右の処理位置を
初期化
左の位置<左の個数
&
右の位置<右の個数?
Yes
No
左≦右?
No
Yes
結果リストに
左の値を追加
結果リストに
右の値を追加
左の位置を
1つ移動
右の位置を
1つ移動
左の位置<
左の個数?
Yes
No
結果リストに左の値を
まとめて追加
右の位置<
右の個数?
Yes
No
結果リストに右の値を
まとめて追加
結果リストを返す
終了

リスト5.11　merge_sort.py

```
data = [6, 15, 4, 2, 8, 5, 11, 9, 7, 13]

def merge_sort(data):
    if len(data) <= 1:
        return data

    mid = len(data) // 2              ←半分の位置を計算
    # 再帰的に分割
    left = merge_sort(data[:mid])     ←左側を分割
    right = merge_sort(data[mid:])    ←右側を分割
    # 結合
    return merge(left, right)

def merge(left, right):
    result = []
    i, j = 0, 0

    while (i < len(left)) and (j < len(right)):
        if left[i] <= right[j]:       ←左≦右のとき
            result.append(left[i])    ←左側から1つ取り出して追加
            i += 1
        else:
            result.append(right[j])   ←右側から1つ取り出して追加
            j += 1

    # 残りをまとめて追加
    if i < len(left):
        result.extend(left[i:])       ←左側の残りを追加
    if j < len(right):
        result.extend(right[j:])      ←右側の残りを追加
    return result

print(merge_sort(data))
```

実行結果　merge_sort.py（リスト5.11）を実行

```
C:¥>python merge_sort.py
[2, 4, 5, 6, 7, 8, 9, 11, 13, 15]
C:¥>
```

マージソートの計算量

マージソートにおいて、リストを分割する部分は単純に細かくしていくだけです。最初からバラバラのリストで用意してある場合もあるでしょう。そこで、統合する部分の計算量を考えます。

2つのリストを統合する処理は、それぞれのリストにおける先頭の値を比較して取り出すことを繰り返すだけなので、できあがるリストの長さのオーダーで処理できます。全部でn個の要素があれば、そのオーダーは$O(n)$です。

次に、統合する段数を考えると、n個のリストを1つになるまで結合した場合の段数は$\log_2 n$となり、全体の計算時間は$O(n \log n)$となります。

マージソートの特徴として、メモリに入りきらないような大容量のデータにも使えることが挙げられます。分割した領域のそれぞれでソートできるため、複数のディスク装置にあるデータをそれぞれでソートしておき、それを結合しながらソート済みのデータを作成する、といったことが可能です。

5.7 クイックソート

- ✔ クイックソートの処理手順を理解し、実装できるようになる。
- ✔ クイックソートの計算量を理解する。

分割した内部で並べ替える

クイックソートはリストから適当にデータを1つ選んで、これを基準として小さい要素と大きい要素に分割し、それぞれのリストでまた同じような処理を繰り返してソートする方法です。

一般的には「分割統治法」とも呼ばれる方法に分類されるソート方法で、小さい単位に分割して処理することを再帰的に繰り返します。これ以上分けられないようなサイズまで分割できれば、それをまとめた結果を求めます。

このとき、分割する基準となる要素の選択が重要です。うまく選ぶと高速に処理できますが、選んだ値によってはまったく分割されず、選択ソートなどと同じような時間がかかる場合があります。

この基準となるデータをピボット（pivot）と呼びます。ピボットの選び方はいくつも考えられますが、ここでは「リストの最初の要素」とし、次のようなリストを考えます。

6	15	4	2	8	5	11	9	7	13

このリストに対して分割を繰り返すと、図5.19のように処理が進みます。

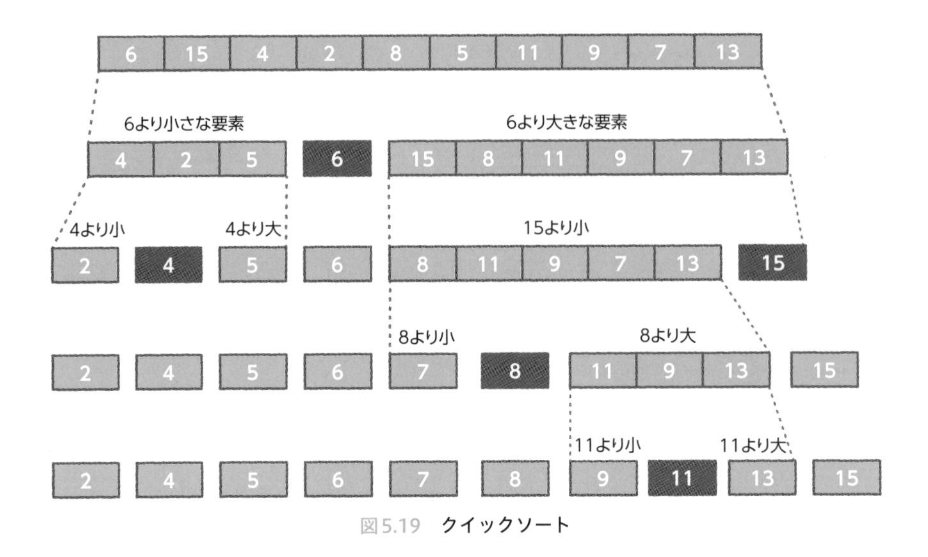

図5.19　クイックソート

最初はリストの先頭にある「6」をピボットとし、6より小さな要素と6より大きな要素に分けます。さらに、分けられた2つのリストについて、それぞれ同様の処理を実行しています。

ここで、分割しているだけでソートをしているわけではないことに注意します。つまり、分割してできたリストの並びは、昇順に並んでいるわけではありません。しかし、最後まで分割することで、一番下の段で現れたリストを結合すると、ソート済みの結果が得られます。

クイックソートの実装

この処理を再帰的に繰り返すことをPythonで実装すると、リスト5.12のように書けます。

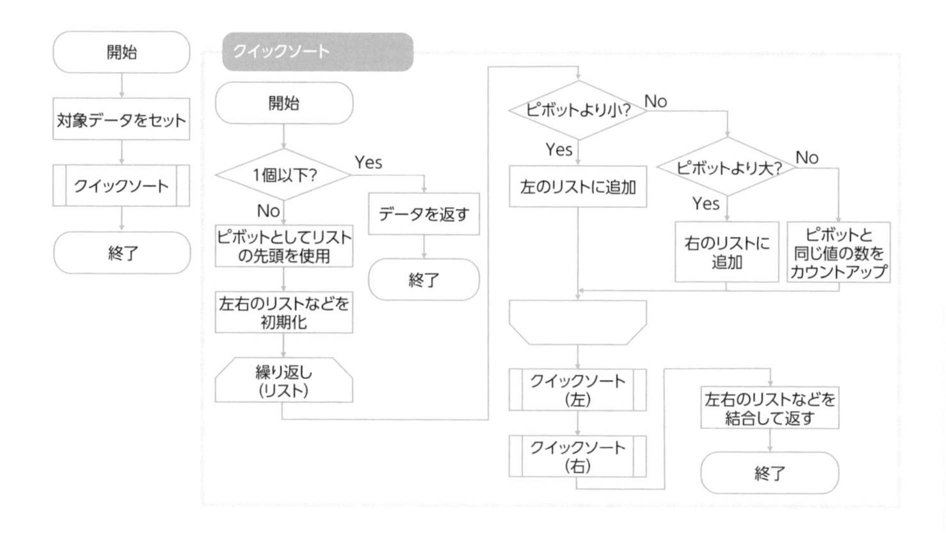

リスト5.12 quick_sort.py

```
data = [6, 15, 4, 2, 8, 5, 11, 9, 7, 13]

def quick_sort(data):
    if len(data) <= 1:
        return data

    pivot = data[0]    # ピボットとしてリストの先頭を使用
    left, right, same = [], [], 0

    for i in data:
        if i < pivot:
            # ピボットより小さい場合は左に
            left.append(i)
        elif i > pivot:
            # ピボットより大きい場合は右に
            right.append(i)
        else:
            same += 1

    left = quick_sort(left)      ←左側をソート
    right = quick_sort(right)    ←右側をソート
    # ソートされたものとピボットの値をあわせて返す
    return left + [pivot] * same + right

print(quick_sort(data))
```

実行結果　quick_sort.py（リスト5.12）を実行

```
C:¥>python quick_sort.py
[2, 4, 5, 6, 7, 8, 9, 11, 13, 15]
C:¥>
```

上記の例ではリストの中に同じ値が含まれていませんが、同じ値が複数含まれる場合には、ピボットと同じ値の個数を数えておき、その数だけピボットの値を配置しています。

なお、Pythonの場合はピボットでの分割処理を、リスト内包表記を使うことでもっとシンプルに実装できます。たとえば、リスト5.13のように書くこともできます。

リスト5.13　quick_sort2.py

```
data = [6, 15, 4, 2, 8, 5, 11, 9, 7, 13]

def quick_sort(data):
    if len(data) <= 1:
        return data

    pivot = data[0]    # ピボットとしてリストの先頭を使用
    # ピボットより小さいものでリストを作る
    left = [i for i in data[1:] if i <= pivot]
    # ピボットより大きいものでリストを作る
    right = [i for i in data[1:] if i > pivot]

    left = quick_sort(left)     ←左側をソート
    right = quick_sort(right)   ←右側をソート
    # ソートされたものとピボットの値をあわせて返す
    return left + [pivot] + right

print(quick_sort(data))
```

実行結果　quick_sort2.py（リスト5.13）を実行

```
C:¥>python quick_sort2.py
[2, 4, 5, 6, 7, 8, 9, 11, 13, 15]
C:¥>
```

クイックソートの計算量

実際に処理してみると、クイックソートではピボットの選び方が重要なことを再認識します。うまく半分に分割できるようなピボットを選べると、計算量はマージソートと同じように$O(n \log n)$となります。これは、マージソートと同じようにサイズが半分になることを繰り返すためです。

ただし、ピボットをうまく選ばないと、最悪の場合は$O(n^2)$の計算量が必要になります。実用上は問題ないほど高速ですが、多くのライブラリでは他のソートアルゴリズムと組み合わせるなど、高速化が図られています。

よく使われる方法として、リストの最初の要素、最後の要素のほか、適当に選んだ3つの値の中央値（小さい順に並べたときに中央に位置する値）などがあります。ぜひいろいろ試してみて、その処理結果を比較してみてください。

並列処理と並行処理

最近のCPUは複数のコアを持ち、1台のCPUで複数の処理を同時に実行できるようになっています。これを「並列処理」といいます。一方、同時には1つの処理を実行しているけれども、時間単位で切り分けられて、見た目上は同時に実行されているように見えることを「並行処理」といいます。

現代のCPUを最大限活用するには、並列処理が可能なアルゴリズムを実装することが有効です。しかし、問題によって並列処理ができるものとできないものが存在します。

たとえば、1から200までの素数を求めるプログラムを考えると、1から100までと101から200までに分けて別々のCPUで実行し、結果を統合しても問題ありません。このような処理は並列処理が可能です。一方で、お釣りを計算するプログラムや線形探索などは、それまでに処理した結果を次のステップで使用するため、並列処理はできません。

ソートの場合も、選択ソートや挿入ソートは並列処理できませんが、マージソートやクイックソートでは並列処理が可能です。

5.8 処理速度を比較する

- 複数のソート方法における計算量を比較し、最適なソート方法を選べるようになる。
- 実データの比較を通して、同じオーダーであっても処理時間に差があることを理解する。
- 安定ソートの考え方を理解する。

計算量での比較

これまでに解説したソートの処理速度をオーダーによって比較すると、表5.1のようになります。大切なのは、それぞれの処理には特徴があり、すべてにおいて最適な処理というものは存在しないことを理解することです。

ヒープソートは、データの内容が変わっても計算量の変化は小さいですが、並列化できないことや、メモリへのアクセスが不連続になることから、あまり使われていません。

マージソートは、どのようなデータが与えられても同じような計算時間で処理できます。並列での処理が可能な一方で、大量のデータをソートする場合には大容量のメモリを必要とします。

多くの場合、マージソートやクイックソートが高速なのですが、特定の場合には今回紹介していない「ビンソート」などが圧倒的に高速です。

このように、個々の処理の違いを理解し、比べられる判断力が求められています。

表5.1　ソートの処理速度

ソート方法	平均計算時間	最悪計算時間	備考
選択ソート	$O(n^2)$	$O(n^2)$	最良でも$O(n^2)$
挿入ソート	$O(n^2)$	$O(n^2)$	最良の場合$O(n)$
バブルソート	$O(n^2)$	$O(n^2)$	
ヒープソート	$O(n \log n)$	$O(n \log n)$	
マージソート	$O(n \log n)$	$O(n \log n)$	
クイックソート	$O(n \log n)$	$O(n^2)$	実用上は高速

ヒープソートやマージソートの平均計算時間はクイックソートと同じ$O(n \log n)$ですが、最悪計算時間ではクイックソートは$O(n^2)$です。これを見ると、ヒープソートやマージソートのほうがクイックソートよりもよいアルゴリズムのように見えます。

実データでの比較

そこで、上で作成したそれぞれのプログラムを手元の環境で実行してみると、表5.2のようになりました。ここではランダムな整数をいくつか用意し、その処理にかかった時間を比較しています。さらに、Pythonのリストに標準で用意されている`sort`関数も使っています。

表5.2　ソートの処理時間の比較

ソート方法	10,000件	20,000件	30,000件
選択ソート	6.89秒	25.81秒	57.41秒
挿入ソート	6.73秒	27.22秒	61.25秒
バブルソート	15.08秒	60.50秒	130.46秒
ヒープソート	0.13秒	0.27秒	0.45秒
マージソート	0.05秒	0.10秒	0.16秒
クイックソート	0.02秒	0.05秒	0.07秒
Pythonの`sort`	0.002秒	0.004秒	0.007秒

これを見ると、クイックソートがヒープソートやマージソートに比べて高速な結果が出ています。このため、クイックソートやさらに工夫した実装方法が多く使われています。

なお、Pythonのリストに標準で用意されている`sort`は、内部でC言語のプログラムが動いているため、大幅に高速な処理が実現できていることがわかります。Pythonはインタプリタですが、このようにコンパイラで実装されたライブラリが用意されているため、便利なライブラリは使っていくようにしましょう。

また、選択ソートと挿入ソートに比べ、バブルソートは大幅に遅い結果が出ています。それぞれ、平均計算時間のオーダーは同じなのに、なぜこのような違いが出るのでしょうか。

その理由として、定数倍の部分の違いがあります。たとえば、リスト5.14の中で、最初のループと後半のループの2つを比べてみましょう。

1 2 3 4 5 6 A B

リスト5.14　const_rate.py

```
import time

data = [6, 15, 4, 2, 8, 5, 11, 9, 7, 13]

# 単純にリストの内容を1つずつ出力する
for i in data:
    print(i)

# リストの内容を1つ出力するたびに1秒スリープする
for i in data:
    print(i)
    time.sleep(1)    ←1秒スリープ
```

いずれもループは1重なので、$O(n)$ の処理ですが、後半の処理は1件出力するたびに1秒スリープ（停止）しています。つまり、同じオーダーであっても、その処理時間は大きく異なります。

つまり、$O(n \log n)$ と $O(n^2)$ のように異なるオーダーであれば定数倍は無視できますが、同じオーダーであれば、その定数倍の違いによって性能に差が出ることは珍しくありません。

実際、ヒープソートやマージソートとクイックソートは、平均計算時間が同じ $O(n \log n)$ ですが、その処理はクイックソートのほうが速いことが多いです。そして、ピボットの選び方によって性能に差は出ますが、ソートされているデータに対して先頭の値を使う、といった選び方をしない限りは高速に処理できます。

安定ソート

ソート方法を比較するときに知っておきたいキーワードとして「安定ソート」があります。安定ソートとは、同じ値を持つデータにおけるソート前の順序がソート後も保持されていることをいいます。

たとえば、名前の五十音順で並べられた学生のテスト結果を、点数で並べ替える場面を考えます。同じ点数の生徒が複数存在した場合、並べ替えた後に同じ点数の学生は名前の五十音順が崩れないように並べたいとします。

これを実現したソート方法が図5.20の安定ソートで、これまでのソート方法の中では挿入ソート、バブルソート、マージソートが該当します。

出席番号	名前	点数
1	伊藤	80
2	加藤	70
3	小林	90
4	佐藤	70
5	鈴木	80
6	高橋	60
7	田中	90
8	中村	80
9	山本	60
10	渡辺	70

→

出席番号	名前	点数	
3	小林	90	同じ点数の中では名前の昇順
7	田中	90	
1	伊藤	80	同じ点数の中では名前の昇順
5	鈴木	80	
8	中村	80	
2	加藤	70	同じ点数の中では名前の昇順
4	佐藤	70	
10	渡辺	70	
6	高橋	60	同じ点数の中では名前の昇順
9	山本	60	

図 5.20　安定ソート

図書館ソート

図書館で本を並べ替える場面を考えると、上記で挙げた方法とは少し異なります。基本的にはジャンルなどで並んだ棚で、書籍に付けられた番号や書名の順番に並んでいます。

このような場合、挿入ソートが有効で、実際にこれに似た方法が使われます。挿入ソートでは、リストにおいて挿入した位置よりも後ろをすべてずらす必要があります。しかし、図書館ではある一定の区間ごとに空白を用意しており、ずらす本が少なくて済みます（図 5.21）。

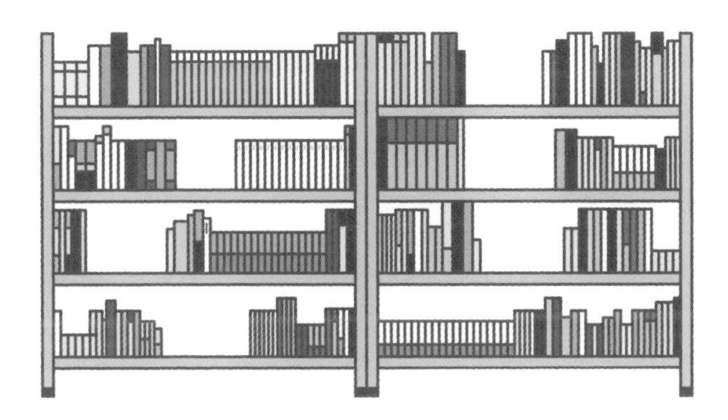

図 5.21　図書館の棚の例

この方法が「図書館ソート」で、うまく空白を用意すると、高速な計算を実現できます。しかし、用意する空白の量によっては無駄なスペースが必要なため、実装の工夫が必要になります。

理解度Check！

●問題1　本文中で登場した「ビンソート」は、「バケットソート」とも呼ばれ、取りうる値の種類が限定されている場合に使われます。
たとえば、0〜9の整数（10種類の値）だけで構成されるデータを並べ替える場合、それぞれの値が出現した回数だけを保存すれば十分です。
次のようなデータが与えられると、配列にその出現回数を格納し、小さいほうから順に取り出します。

9, 4, 5, 2, 8, 3, 7, 8, 3, 2, 6, 5, 7, 9, 2, 9

⬇

整数	0	1	2	3	4	5	6	7	8	9
回数	0	0	3	2	1	2	1	2	2	3

⬇

2, 2, 2, 3, 3, 4, 5, 5, 6, 7, 7, 8, 8, 9, 9, 9

これを実現するプログラムを作成してください。

実務に役立つアルゴリズムを知る

6.1　最短経路問題とは？
6.2　ベルマン・フォード法
6.3　ダイクストラ法
6.4　A* アルゴリズム
6.5　文字列探索の力任せ法
6.6　Boyer-Moore 法
6.7　逆ポーランド記法
6.8　ユークリッドの互除法

6.1 最短経路問題とは?

- 普段、便利に使っているサービスで最短経路問題の考え方が使われていることを知る。
- 最短経路問題は、頂点の数が増えると処理に大幅に時間がかかることを理解する。

ソートなどのアルゴリズムはライブラリを使うことが多く、1から実装することはほとんどありません。一方で、実務では業務内容などに応じてアルゴリズムの工夫が求められることは少なくありません。

そこで、実務やアルゴリズムの練習でよく使われるアルゴリズムの例をいくつか紹介します。

数値化したコストで考える

乗り換え案内やカーナビなどは、私たちの生活になくてはならないものになりました。しかし、これらを実現するためには、高度なアルゴリズムが使われています。これらに使われている問題は「最短経路問題」と呼ばれ、考えられる複数の経路の中から、最も効率のよい経路を求める問題です。

ここで「効率のよい」という言葉には、時間が短い、費用が安い、距離が短い、などさまざまな基準が考えられます。いずれにしても、誰かの感覚によるものではなく、数値化してそれを最小にすることが求められます。この基準を「コスト」という値で考えることにします（数値が小さければコストが小さく、数値が大きければコストが大きい）。

経路をすべて調べる

コストを最小化するアルゴリズムとして、さまざまな方法が考えられています。すぐに思いつくのは、すべての経路を調べて一番コストが小さいものを選ぶ方法でしょう。しかし、この方法は経路の数が増えると探索する量が爆発的に増加します。

たとえば、図6.1左のような小さな街をA地点からG地点まで移動することを考えてみましょう。それぞれの地点間の距離は与えられており、同じ地点を2回通ることはないものとします。この場合、その経路として図6.1右の表で示した6通りが考えられます。

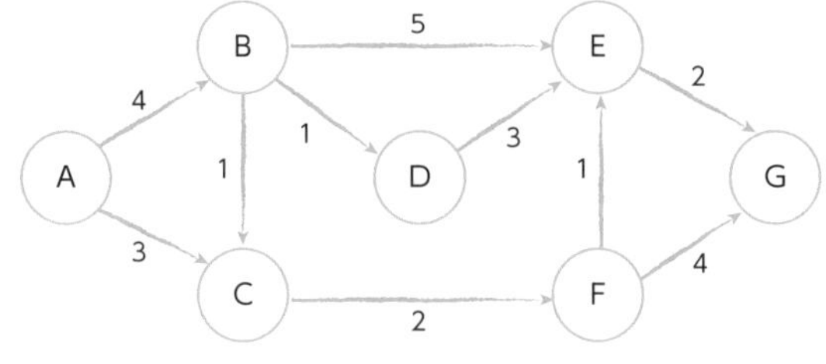

経路	距離
A → B → D → E → G	10
A → B → E → G	11
A → B → C → F → E → G	10
A → B → C → F → G	11
A → C → F → E → G	8
A → C → F → G	9

図6.1　いろいろな経路

これくらいの小さな街で、移動できる道路の数が少なければすべて調べてもたいした手間ではありませんが、地点の数が増え、道路の数が増えるとそのパターン数は一気に増加します。たとえば、図6.2のような規模になり、移動可能な道路が増えるだけで、そのパターン数は約5,000通りになります。

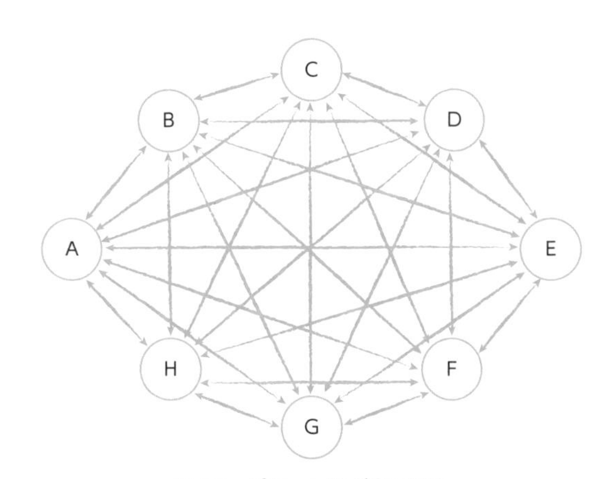

図6.2　パターン数が多い場合

グラフで考える

上記の図6.1や図6.2のように、円と線で簡易的に表現した方法を「グラフ」といい、矢印の向きが決まっているものを「有向グラフ」、決まっていないものを「無向グラフ」といいます。また、上図の地点のような円で表現している部分を「頂点」や「節点」、それを結ぶ線を「辺」や「枝」といいます。

最短経路を求めるため、すべての道順を調べた場合、頂点がn個あると、1つ目の頂点を選ぶのにn通り、2つ目の頂点は1つ目を除いた$n-1$通り、という作業をすべての頂点について調べます。その組み合わせは、$n \times (n-1) \times \cdots \times 2 \times 1$通りという式で求められます。この式は、第3章で解説したように$n!$と表され、調べる計算量も$O(n!)$になります。階乗の計算量は入力の数が増えると解くのが現実的ではありませんでした。もう少し工夫が必要でしょう。

そこで、いくつかの手法を紹介します。なお、ここでは経路そのものを求めるのではなく、どの頂点にいくらのコストでたどり着けるのか、そのコストを考えることにします。

経路の数を求める問題

最短経路問題と聞いて、学校の教科書などでよく使われる図6.3のような単純な問題を思い浮かべる人もいるでしょう。これは、左下からスタートし、右か上に動くことを繰り返して右上まで移動するときの最短経路がいくつあるかを求める問題です。

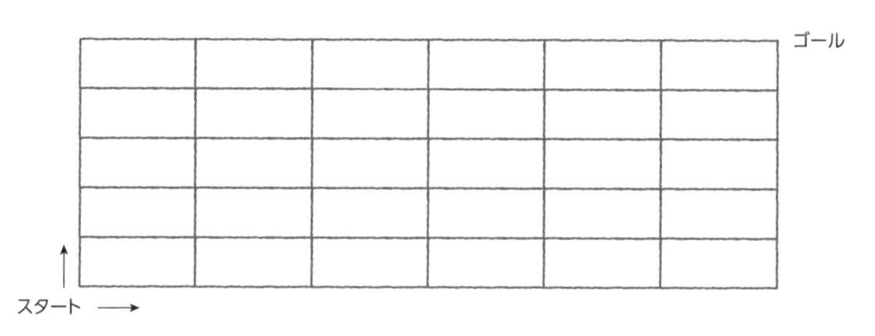

図6.3　**最短経路問題の例**

どの道を動いても、必ず右か上に移動するので、その経路の長さは同じです。つまり、左下から右上までの経路をすべて求める、という問題です。学校では順列や組み合わせを学ぶときに使われ、右にm回、上にn回移動する場合、そのパターン数は組み合わせで求められます。$m+n$回のうちm回右に移動する場合、数学的には${}_{m+n}C_m$という計算で求められます（ここではこの計算は使わないため、詳細は省略します）。

この解法では組み合わせの計算方法を知らなければ解けませんが、小学生でも使える解法として、交点を通るパターン数を左下から順に足し算で書いていく方法も知られています（図6.4）。

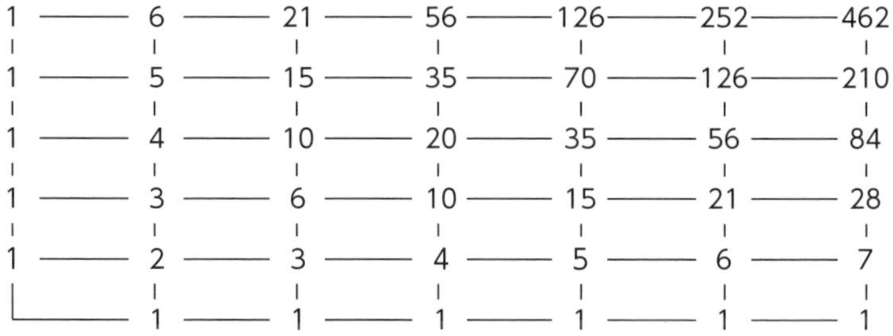

```
1 ── 6 ── 21 ── 56 ── 126 ── 252 ── 462
|    |    |     |     |      |      |
1 ── 5 ── 15 ── 35 ── 70 ─── 126 ── 210
|    |    |     |     |      |      |
1 ── 4 ── 10 ── 20 ── 35 ─── 56 ─── 84
|    |    |     |     |      |      |
1 ── 3 ── 6 ─── 10 ── 15 ─── 21 ─── 28
|    |    |     |     |      |      |
1 ── 2 ── 3 ─── 4 ─── 5 ──── 6 ──── 7
|    |    |     |     |      |      |
└─── 1 ── 1 ─── 1 ─── 1 ──── 1 ──── 1
```

図6.4　交点を通るパターン数を集計

これは、下と左の交点に書かれている数を足した数を書いていく方法で、単純な足し算だけで簡単に求められます。そして、プログラミングでもこの方法が便利で、動的計画法（リスト6.1）やメモ化（リスト6.2）を使って簡単に実装できます。

リスト6.1　near_route1.py

```
M, N = 6, 5

route = [[0 for i in range(N + 1)] for j in range(M + 1)]

# 横方向の最初の1行をセット
for i in range(M + 1):
    route[i][0] = 1

for i in range(1, N + 1):
    # 縦方向の最初の1列をセット
    route[0][i] = 1
    for j in range(1, M + 1):
        # 左と下から加算する
        route[j][i] = route[j - 1][i] + route[j][i - 1]

print(route[M][N])
```

実行結果　near_route1.py（リスト6.1）を実行

```
C:¥>python near_route1.py
462
C:¥>
```

リスト6.2　near_route2.py

```
import functools

M, N = 6, 5

# Pythonでは以下の1行を追加するだけで再帰処理をメモ化できる
@functools.lru_cache(maxsize = None)
def search(m, n):
    if (m == 0) or (n == 0):
        return 1

    return search(m - 1, n) + search(m, n - 1)

print(search(M, N))
```

実行結果　near_route2.py（リスト6.2）を実行

```
C:¥>python near_route2.py
462
C:¥>
```

6.2 ベルマン・フォード法

- ✔ 最短経路問題を解くために使われるベルマン・フォード法は頂点を結んだ辺の重みを更新しながら解くことを理解する。
- ✔ ベルマン・フォード法では辺の値が負の場合でも使えることを知る。

辺の重みに注目する

ベルマン・フォード法は、辺の重みに注目して解く方法です。たとえば、この章の最初のグラフにおいて、頂点間のコストを求めることを考えます。なお、各辺のコストは図6.5のように設定するものとします。

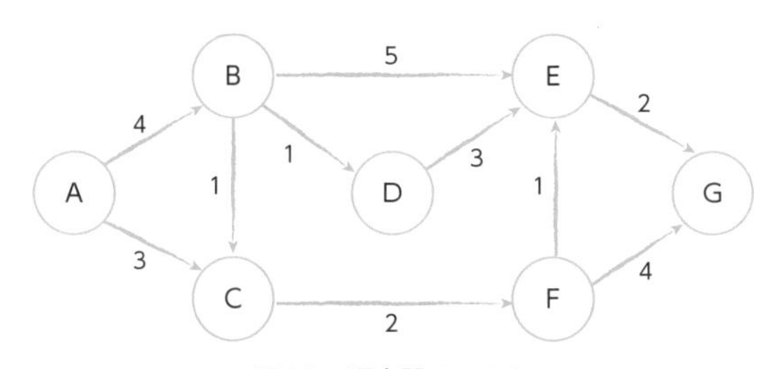

図6.5　頂点間のコスト

各頂点におけるスタート地点からのコストを求めるにあたり、設定した初期値から辺の重みを使って順に更新する作業を繰り返し、それ以上更新できなくなったら処理を終了します。

初期値として無限大を設定する

スタートから各頂点までのコストの初期値として、スタート地点は0、それ以外の頂点は「無限大」に設定しておきます（図6.6）。Pythonでは無限大を

`float('inf')`で設定できますが、他の言語の場合には「99999999」のような十分大きな値を使ってもよいでしょう。

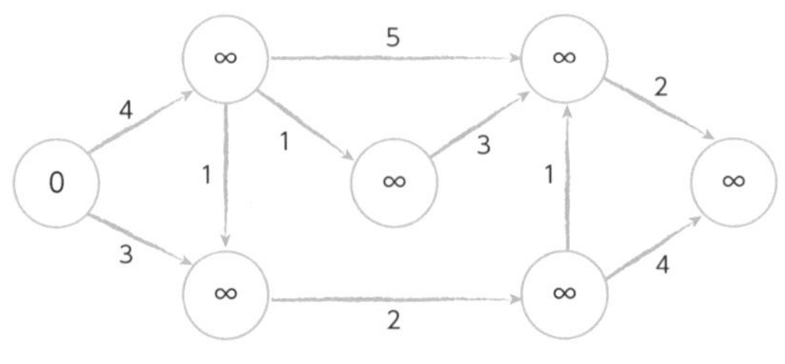

図6.6　コストの初期値

このコストは、スタート地点からその頂点に至る最短経路の長さの暫定値で、計算が進むにつれてだんだん小さくなります。ここで行なう処理は、次のステップの繰り返しです。

(1) 辺を1つ選ぶ
(2) 選んだ辺のコストを使って、両端の頂点のコストを更新する（コストが小さい頂点に辺のコストを加算した値が、もう一方の頂点のコストよりも小さい場合）

コストを更新する

すべての辺の中から1つを選択します。たとえば、頂点AとBを結ぶ辺を選択したとします（図6.7）。今回の場合はAとBを比べるとAのほうが小さく、Aのコストに辺のコストを足すとBのコストより小さくなるため、Bのコストを更新します。

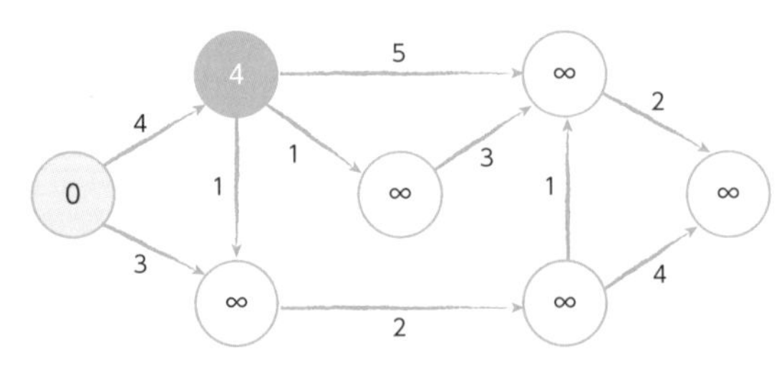

図6.7　頂点Bのコストを更新

次に、頂点AとCを結ぶ辺を選択したとします（図6.8）。ここでも、Aのコストに辺のコストを足すとCのコストより小さくなるため、Cのコストを更新します。

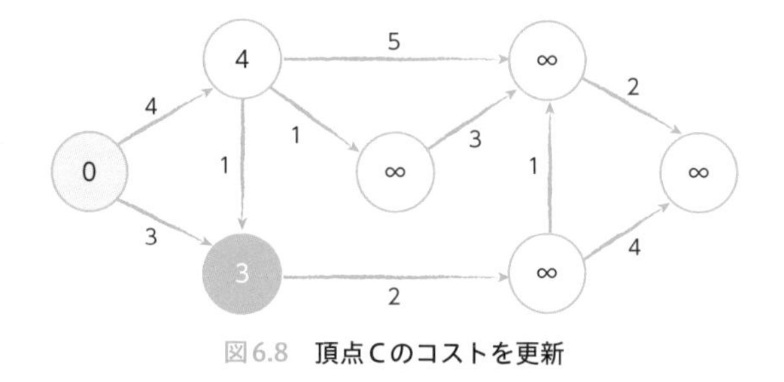

図6.8　頂点Cのコストを更新

さらに、頂点BとCを結ぶ辺を選択したとします。Bのコストに辺のコストを足すとCのコストより大きくなるため、Cのコストは更新されません。つまり、A→B→CよりもA→Cという経路を選ぶとコストが小さいことがわかります。

同様の操作をすべての辺に対して行ないます。処理は任意の順番で実施できますが、ここでは頂点の番号をアルファベット順で処理してみます。最後まで更新すると、図6.9のようになりました。

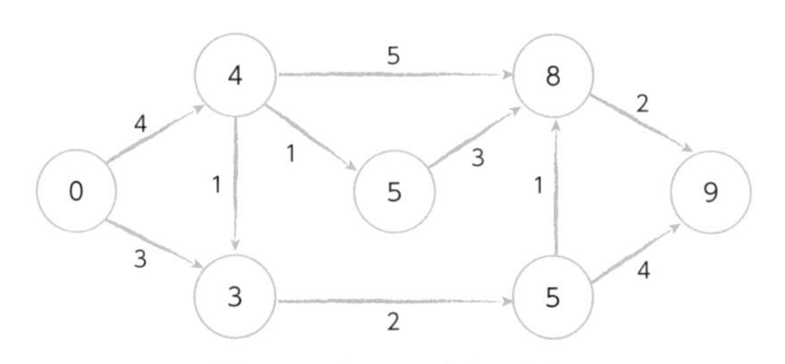

図6.9　1度目の更新完了時点

ここで、もう一度最初から同じ作業を行ないます。この作業を繰り返し、すべての頂点についてコストの更新が行なわれなくなったら処理終了です。これにより、図6.10のようにスタート地点からすべての頂点への最小コストが求められており、AからGまでの最小のコストは8となります。

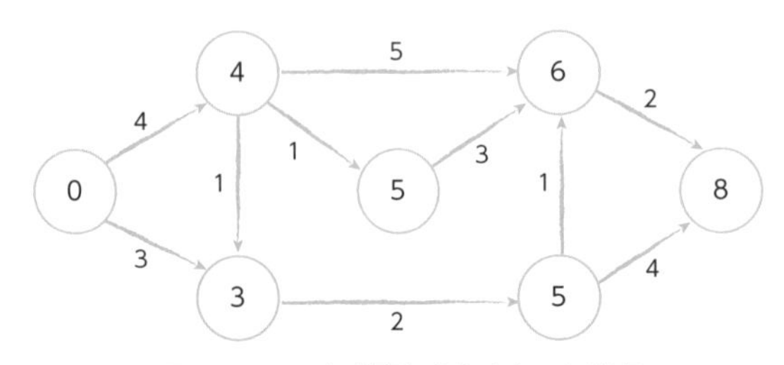

図6.10　コストが変わらなくなった時点

プログラムでの実装

これをプログラムで実装するとき、考えないといけないのはどのように頂点と辺のデータを格納するか、ということです。ベルマン・フォード法では辺に注目して処理するので、辺の単位でデータを表現するほうが処理しやすいと考えられます。

そこで、リストを使って、1つの要素で1つの辺を表すことにします。また、その要素は起点と終点の番号、そしてコストの3つの要素を持つことにします。たとえば、頂点AとBを結ぶ辺の場合は、`[0, 1, 4]`といったリストです。

これと、頂点の数を引数として、最短経路の長さを返す関数を作成します。この関数では、頂点のコストの初期値をセットした後、頂点のコストを更新する処理をコストに変化がある限り繰り返します。

たとえば、リスト6.3のように実装できます。

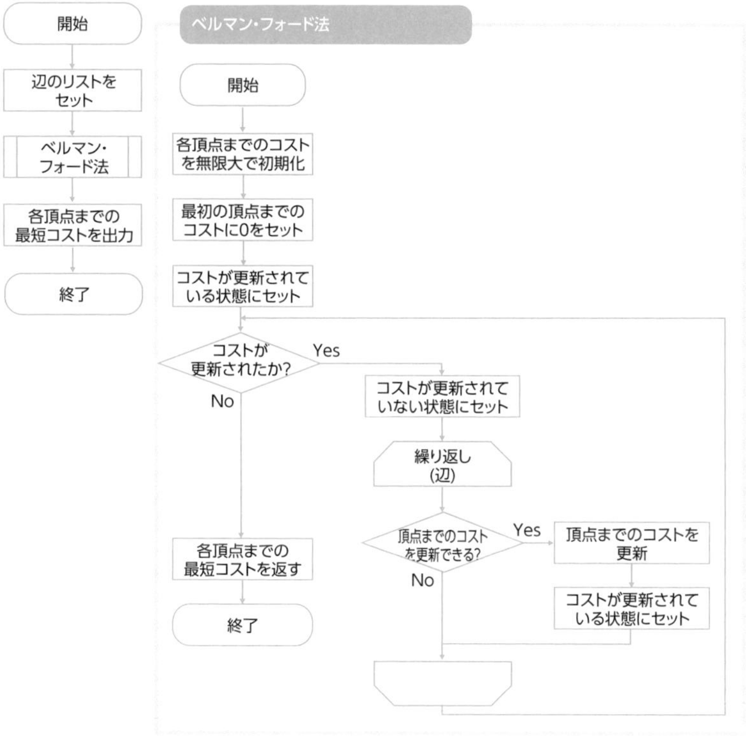

開始
辺のリストをセット
ベルマン・フォード法
各頂点までの最短コストを出力
終了

ベルマン・フォード法
開始
各頂点までのコストを無限大で初期化
最初の頂点までのコストに0をセット
コストが更新されている状態にセット
コストが更新されたか?
Yes
コストが更新されていない状態にセット
繰り返し(辺)
頂点までのコストを更新できる?
Yes
頂点までのコストを更新
コストが更新されている状態にセット
No
No
各頂点までの最短コストを返す
終了

1 2 3 4 5 6 A B

リスト6.3 bellman_ford.py

```
def bellman_ford(edges, num_v):
    dist = [float('inf') for i in range(num_v)]  ←初期値として無限大をセット
    dist[0] = 0

    changed = True
    while changed:                    ←コストが更新されている間繰り返す
        changed = False
        for edge in edges:            ←各辺について繰り返し
            if dist[edge[1]] > dist[edge[0]] + edge[2]:
                # 頂点までのコストが更新できれば更新
                dist[edge[1]] = dist[edge[0]] + edge[2]
                changed = True

    return dist

# 辺のリスト（起点、終点、コストのリスト）
edges = [
```

```
    [0, 1, 4], [0, 2, 3], [1, 2, 1], [1, 3, 1],
    [1, 4, 5], [2, 5, 2], [4, 6, 2], [5, 4, 1],
    [5, 6, 4]
]
print(bellman_ford(edges, 7))
```

実行結果　bellman_ford.py（リスト6.3）を実行

```
C:¥>python bellman_ford.py
[0, 4, 3, 5, 6, 5, 8]
C:¥>
```

ベルマン・フォード法での注意点

なお、ここでは辺のコストとしていずれも正の値を用いています。実際、乗り換え案内やカーナビなどの場合、辺のコストは時間や料金、距離などが考えられます。これらはいずれもプラスの値ですが、もしマイナスの値が使われても、ベルマン・フォード法は使えます。

ただし、マイナスの値でループしているような経路（閉路）がある場合、そのループを回り続けるといくらでもコストが小さくなってしまうため、そのようなものは対象外となります。

頂点数をn、辺の数をmとすると、1回目の更新（内側のループ）は辺の数だけ繰り返すため、その計算量は$O(m)$です。この処理をすべての頂点に繰り返した場合を考えると、最大でもn回繰り返して終わるはずなので、全体の計算量はこれを掛けて$O(mn)$となります（それ以上のステップが必要な場合は閉路があることになる）。

6.3 ダイクストラ法

- 最短経路問題を解くために使われるダイクストラ法はコストが最小になる頂点を探しながら解くことを理解する。
- ダイクストラ法は辺の値が負の場合は使えないが、ベルマン・フォード法よりも高速に解けることを知る。

頂点に注目して最短経路を探す

ダイクストラ法は、ある頂点に接続している頂点を候補として、その中からコストが最も小さくなる頂点を選択することを繰り返して探索する方法です。ベルマン・フォード法がすべての辺に対して処理を繰り返すのに対し、ダイクストラ法では選択する頂点を工夫することで効率よく最短経路を探すことができます。

先ほどのベルマン・フォード法で使ったグラフと同じものを解いてみましょう。わかりやすくするために、表6.1のような表を作って考えます。横軸には頂点を、縦軸にはコストの総和を取ります。

表6.1　コストと頂点の関係

コスト/頂点	A	B	C	D	E	F	G
0	○						
1							
2							
3			○				
4		○					
5							
…							

最初の頂点Aはコスト0に配置し、その頂点から到達できる頂点とコストを調べます。たとえば、最初の頂点AにつながっているのはBとCなので、それぞれの頂点に対して該当するコストの位置をマークします。

次に、一番上にある頂点（コストが一番小さい頂点）を考えると、今回はCですので、Cから到達できる頂点とコストを調べます。そして、対応する頂点とコストをマークします（表6.2）。

表6.2　**頂点Cからのコストを追加**

コスト/頂点	A	B	C	D	E	F	G
0	○						
1							
2							
3			○				
4		○					
5						○	
6							
…							

これを繰り返すと、マークされる位置はどんどん下に伸びていきます。まだ処理していない頂点から、一番手前にある頂点を探す処理は、頂点を1つずつ確認することになりますが、最小のコスト候補である頂点を選ぶだけです。

最短コストが確定した頂点には印を付けておき、印が付いていない頂点から一番小さいコストのものを探していきます。今回の場合、すべての経路を調べると、表6.3が完成します。

表6.3　**すべての頂点を調べた結果**

コスト/頂点	A	B	C	D	E	F	G
0	○						
1							
2							
3			○				
4		○					
5			○	○		○	
6					○		
7							
8					○		○
9					○		○
10							
11							

ダイクストラ法では、コストが最小のものを求めるため、最小のもの以外はそれ以上探索する必要はありません。

Pythonで実装する

実際にプログラムに書く際にはこのような表を作る必要はなく、最小コスト候補だけをチェックするだけです。

Pythonで実装すると、リスト6.4のように書けます。ここで、データ構造をベルマン・フォード法とは変更しています。ダイクストラ法では、ある頂点からの辺を順に調べることが多いため、リストのインデックスにより始点の頂点から取り出せるようにしています。

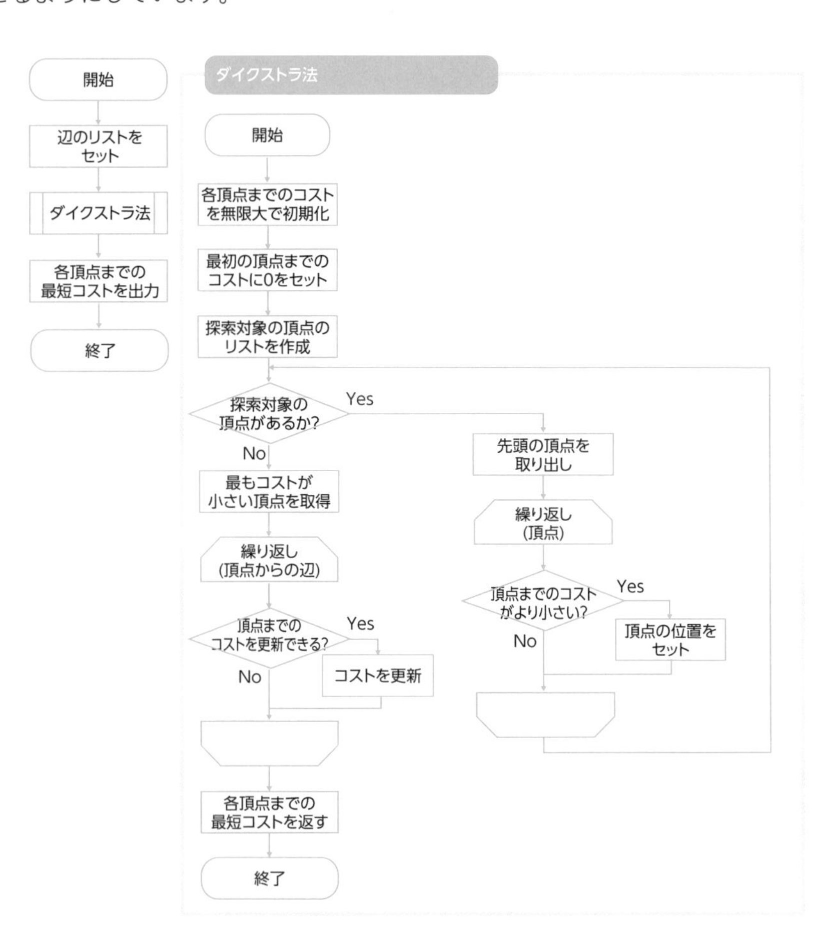

リスト6.4　**dijkstra.py**

```
def dijkstra(edges, num_v):
    dist = [float('inf')] * num_v
    dist[0] = 0
    q = [i for i in range(num_v)]

    while len(q) > 0:
        # 最もコストが小さい頂点を探す
        r = q[0]
        for i in q:
            if dist[i] < dist[r]:
                r = i          ←コストが小さい頂点が見つかると更新

        # 最もコストが小さい頂点を取り出す
        u = q.pop(q.index(r))
        for i in edges[u]:    ←取り出した頂点からの辺を繰り返し
            if dist[i[0]] > dist[u] + i[1]:
                # 頂点までのコストが更新できれば更新
                dist[i[0]] = dist[u] + i[1]

    return dist

# 辺のリスト（終点とコストのリスト）
edges = [
    [[1, 4], [2, 3]],           ←頂点Aからの辺のリスト
    [[2, 1], [3, 1], [4, 5]],   ←頂点Bからの辺のリスト
    [[5, 2]],             ←頂点Cからの辺のリスト
    [[4, 3]],             ←頂点Dからの辺のリスト
    [[6, 2]],             ←頂点Eからの辺のリスト
    [[4, 1], [6, 4]],     ←頂点Fからの辺のリスト
    []    ←頂点Gからの辺のリスト
]
print(dijkstra(edges, 7))
```

計算量を考え、高速化する

　この表を作る計算量を調べてみると、n個の頂点をチェックする処理をそれぞれに対してn回行なうため、この操作だけで二重ループで$O(n^2)$のオーダーになります。それぞれの頂点に対して調べる操作が発生しますが、各頂点から調べるのは1回だけなので、その計算量は辺の数をmとすると$O(m)$で、アルゴリズム全体で

は $O(m+n^2)$ です。しかし、m は最大で $\frac{n(n-1)}{2}$ なので、$O(n^2)$ となります。

ここで、頂点から出ている辺を調べる処理は削減できないため、キューの中から一番手前にある頂点を選ぶ処理を考えます。リスト6.4のプログラムでは、キューにあるすべての頂点をループしましたが、データ構造を変えることで工夫してみます。

そのデータ構造が「優先度付きキュー」です。フィボナッチヒープと呼ばれるヒープのデータ構造を用いることで、距離が短いものから取り出せるキューを作成します。

優先度付きキューは、格納されている N 個の中から一番小さなものを $O(\log N)$ で取り出せるキューです。これにより、全体のオーダーを $O(m+n \log n)$ にできます。

ただし、フィボナッチヒープを用いた優先度付きキューは、実装が複雑になるため、実用上はそれほど高速にはなりません。多くの場合は、第5章のヒープソートで解説したようなシンプルなヒープを用いた優先度付きキューが使われます。

ヒープによる優先度付きキューを実装する

ここでは、シンプルなヒープによって実装してみます（リスト6.5）。ヒープはヒープソートで実装したものを応用して優先度付きキューを作成します。ヒープでは先頭の要素が最も小さな値であり、取り出すたびに再構成してその順序を保ちます。

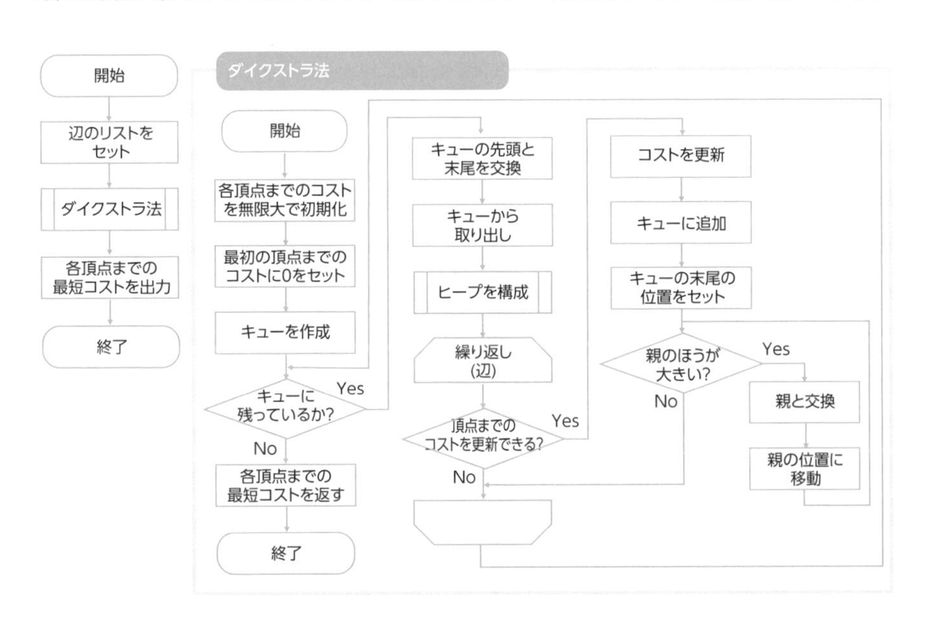

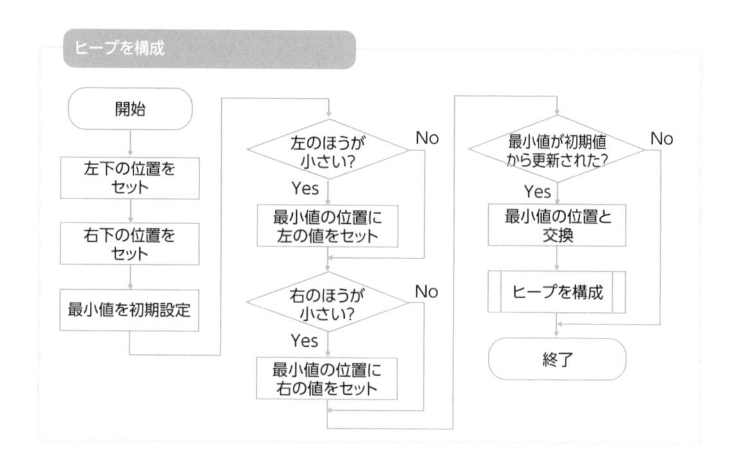

リスト6.5　dijkstra2.py

```
def min_heapify(data, i):
    left = 2 * i + 1
    right = 2 * i + 2
    min = i
    if left < len(data) and data[i][0] > data[left][0]:
        min = left  ←左のほうが小さい場合は、最小値の位置に左をセット
    if right < len(data) and data[min][0] > data[right][0]:
        min = right  ←右のほうが小さい場合は、最小値の位置に右をセット
    if min != i:
        data[i], data[min] = data[min], data[i]
        min_heapify(data, min)

def dijkstra(edges, num_v):
    dist = [float('inf')] * num_v
    dist[0] = 0
    q = [[0, 0]]

    while len(q) > 0:
        # キューから最小の要素を取り出し
        q[0], q[-1] = q[-1], q[0]
        _, u = q.pop()
        # キューを再構成
        min_heapify(q, 0)
        # 各辺に対してコストを調べる
        for i in edges[u]:
            if dist[i[0]] > dist[u] + i[1]:
                dist[i[0]] = dist[u] + i[1]
```

```
                q.append([dist[u] + i[1], i[0]])
                j = len(q) - 1
                while (j > 0) and (q[(j - 1) // 2] > q[j]):
                    q[(j - 1) // 2], q[j] = q[j], q[(j - 1) // 2]
                    j = (j - 1) // 2

    return dist

edges = [
    [[1, 4], [2, 3]],
    [[2, 1], [3, 1], [4, 5]],
    [[5, 2]],
    [[4, 3]],
    [[6, 2]],
    [[4, 1], [6, 4]],
    []
]
print(dijkstra(edges, 7))
```

このようなヒープを使うことで、全体のオーダーは$O((m+n)\log n)$となります。

また、第5章でも使ったように、ヒープのライブラリを使うと、リスト6.6のように、よりわかりやすくなります。

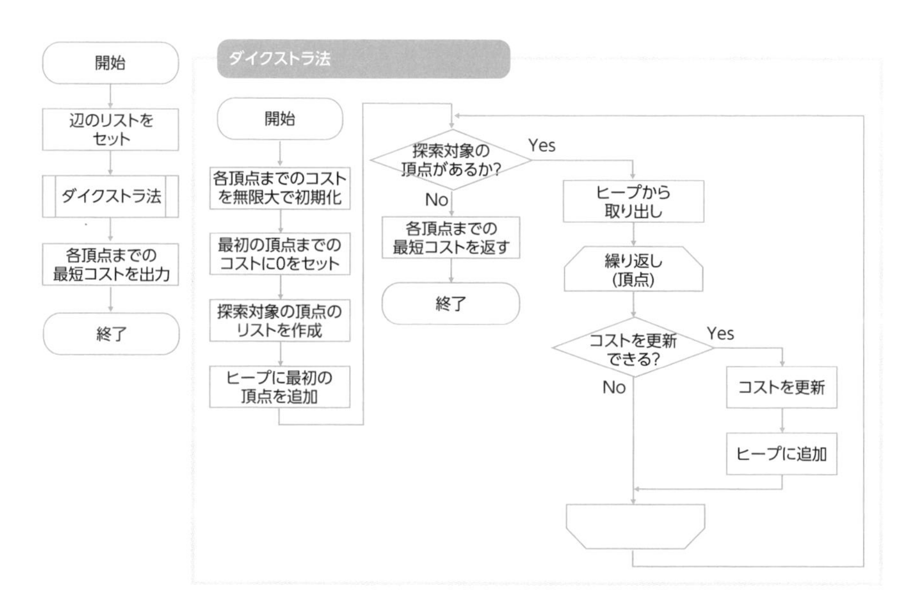

リスト6.6　**dijkstra3.py**

```
import heapq

def dijkstra(edges, num_v):
    dist = [float('inf')] * num_v
    dist[0] = 0
    q = []
    heapq.heappush(q, [0, 0])

    while len(q) > 0:
        # ヒープから取り出し
        _, u = heapq.heappop(q)
        for i in edges[u]:
            if dist[i[0]] > dist[u] + i[1]:
                # 頂点までのコストが更新できれば更新してヒープに登録
                dist[i[0]] = dist[u] + i[1]
                heapq.heappush(q, [dist[u] + i[1], i[0]])

    return dist

# 辺のリスト（終点とコストのリスト）
edges = [
    [[1, 4], [2, 3]],
    [[2, 1], [3, 1], [4, 5]],
    [[5, 2]],
    [[4, 3]],
    [[6, 2]],
    [[4, 1], [6, 4]],
    []
]
print(dijkstra(edges, 7))
```

なお、各頂点への経路を求めたい場合は、通過した地点を記録していく方法もあります。ゴールとなる位置も引数で渡して、ゴールに到達した場合は経路を返す、それ以外の場合は通過点をリストに追加しながら探索すると、リスト6.7のように書けます。

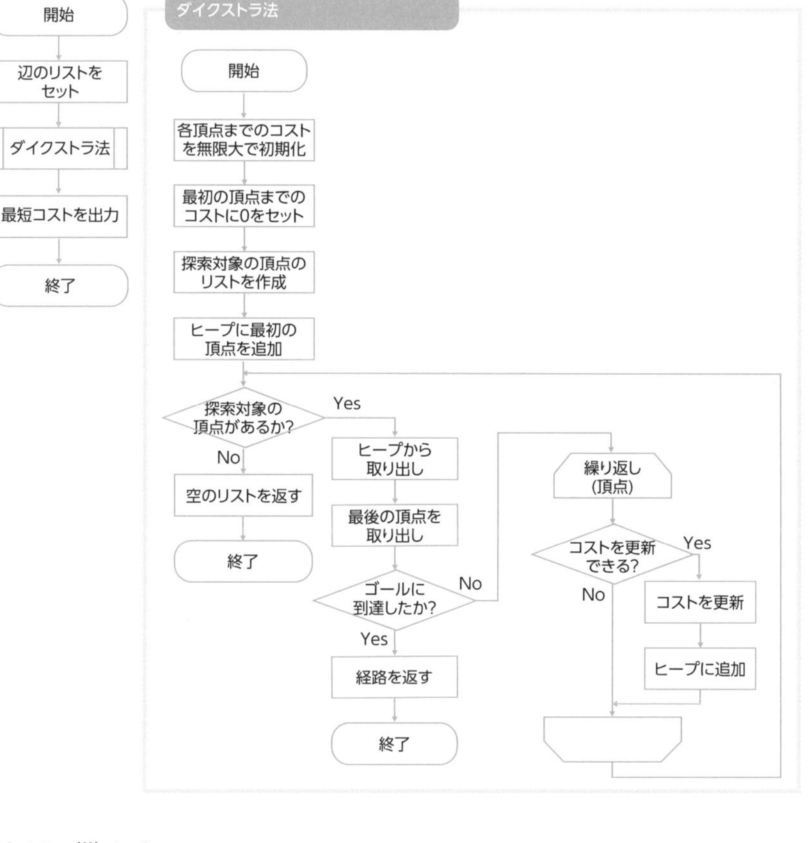

1 2 3 4 5 6 A B

リスト 6.7　dijkstra4.py

```
import heapq

def dijkstra(edges, num_v, goal):
    dist = [float('inf')] * num_v
    dist[0] = 0
    q = []
    heapq.heappush(q, [0, [0]])

    while len(q) > 0:
        # ヒープから取り出し
        _, u = heapq.heappop(q)
        last = u[-1]
        if last == goal:
            return u
```

```
        for i in edges[last]:
            if dist[i[0]] > dist[last] + i[1]:
                # 頂点までのコストが更新できれば更新してヒープに登録
                dist[i[0]] = dist[last] + i[1]
                heapq.heappush(q, [dist[last] + i[1], u + [i[0]]])

    return []

# 辺のリスト（終点とコストのリスト）
edges = [
    [[1, 4], [2, 3]],
    [[2, 1], [3, 1], [4, 5]],
    [[5, 2]],
    [[4, 3]],
    [[6, 2]],
    [[4, 1], [6, 4]],
    []
]
print(dijkstra(edges, 7, 6))
```

今回の場合、実行すると次のように頂点の番号がリストで出力されます。

実行結果　dijkstra4.py（リスト6.7）を実行

```
C:¥>python dijkstra4.py
[0, 2, 5, 4, 6]
C:¥>
```

ダイクストラ法の注意点

なお、ダイクストラ法もベルマン・フォード法と同じように最短経路を求められますが、コストの値にマイナスが入っていると、正しい経路を求められない場合があります。

このため、コストの値に負の辺が存在しない場合にはダイクストラ法を使用し、存在する場合には処理時間がかかってもベルマン・フォード法を使うことが一般的です。

ダイクストラ法は、ルーティングプロトコルで有名なOSPF（Open Shortest Path First）にも使われています。

6.4 A*アルゴリズム

- 無駄な経路を探索しないことで高速化する方法としてA*アルゴリズムがあることを学ぶ。
- A*アルゴリズムではコストの推定値が重要であることを理解する。

無駄な経路をできるだけ探索しない

A*（エースター）アルゴリズムは、ダイクストラ法を発展させたアルゴリズムで、ゴールから遠ざかるような無駄な経路は探索しないように工夫することで高速化します。

たとえば、図6.11のような配置でAからGに向かう経路を調べる場合、逆方向であるXやYに向けて移動するのは明らかに無駄です。

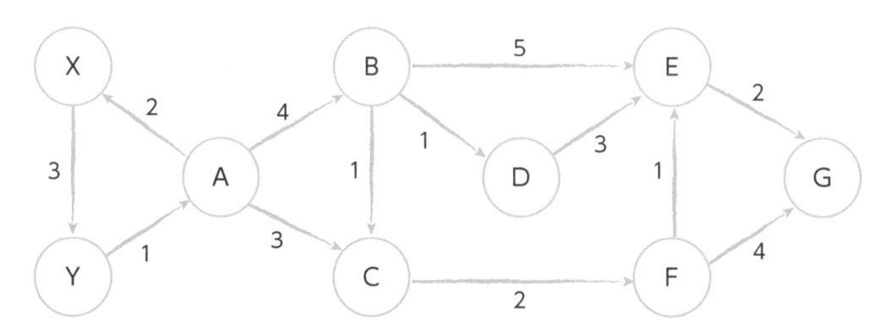

図6.11　ゴールと逆方向の経路もある例

A*では、遠ざかっていることを判断するため、スタートからゴールへのコストだけでなく、現在地からゴールへのコストの推定値を考えます。そして、スタート地点から実際にかかったコストと、ゴールへのコストの推定値を足し合わせる方法などが使われます。これにより、推定コストも踏まえた経路が求められます。

コストを推定するとき、地図のような経路で平面上の直線距離を使う方法があります。ここでは、簡単にするために図6.12の線上を移動する経路を考えてみましょう。Sの地点からスタートし、Gの地点まで移動します。

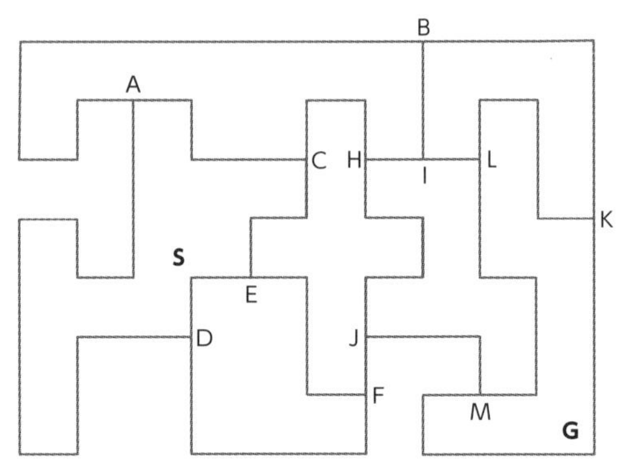

図6.12　複雑な経路の例

このような図を見ると複雑なように思いますが、それぞれの分岐の点までの距離を調べると、実際には図6.13のようなグラフで表現できます。このようなグラフになっていれば、ダイクストラ法などによって解けそうです。

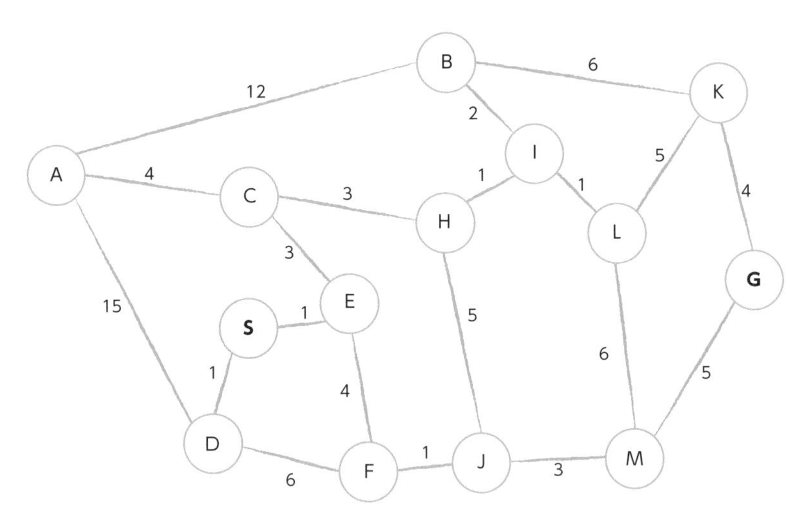

図6.13　図6.12をグラフに変換する

コストの推定値を考える

そして、コストの推定値として、各ノードからゴールまでの直線距離を使ってみます。上記の図6.13であれば、次の図6.14のようなマンハッタン距離を推定コストとして使用できます。マンハッタン距離は、各座標の差の絶対値を使うため、どの経路でも同じ距離が得られます。

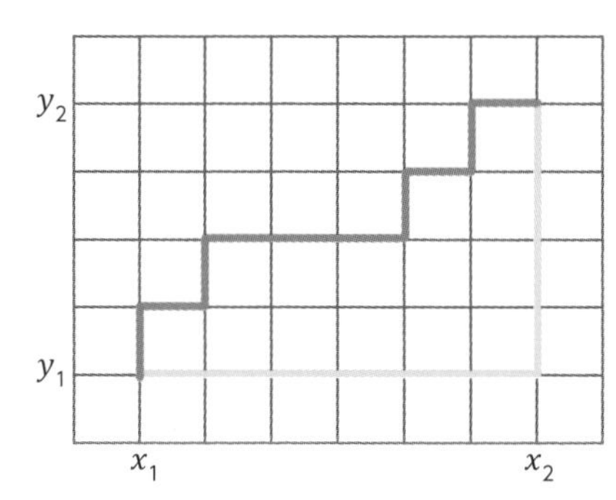

$$|x_1 - x_2| + |y_1 - y_2|$$

図6.14 マンハッタン距離

各地点間のコスト（距離）に加えて、ゴールからのマンハッタン距離を推定値として使って、ダイクストラ法と同様に実装してみます。ここでは、移動先のノードからゴールまでのマンハッタン距離をコストの推定値として使うことにします。

図6.12におけるゴールまでのマンハッタン距離をノード内に書くと、図6.15のようになります。

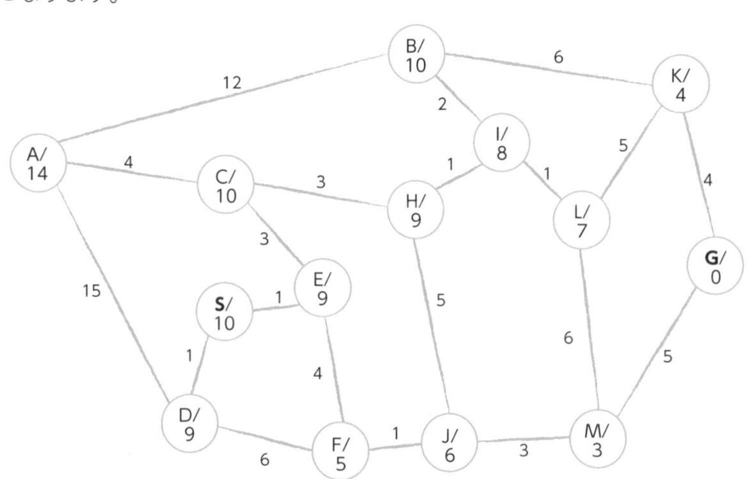

図6.15 コストを反映したグラフ

なお、コストの推定値はあくまでも予想値であり、正確ではありません。また、マンハッタン距離だけでなく、さまざまな計算方法があり、もちろん人の手で設定することもできます。

ただし、コストの推定値を実際の値よりも大きくしてしまうと、A*アルゴリズムでは最短経路が見つけられるとは限りません。また、コストは固定である必要があり、これが変化してしまうと最適解を見つけることはできません。

A*アルゴリズムの実装

このコストの推定値として、事前に頂点の距離を計算したものを引数として渡すことにします。リスト6.7を少し変更して実装すると、リスト6.8のように書けます。

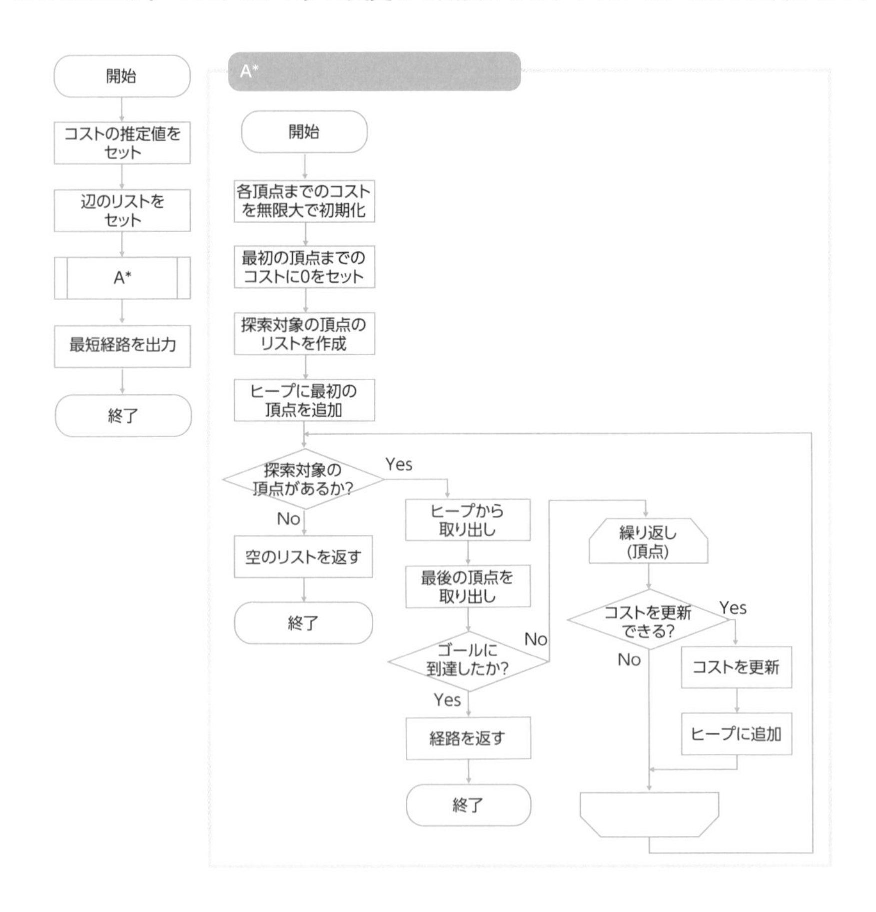

リスト6.8　astar.py

```
import heapq

def astar(edges, nodes, goal):
    dist = [float('inf')] * len(nodes)
    dist[0] = 0
    q = []
    heapq.heappush(q, [0, [0]])

    while len(q) > 0:
        _, u = heapq.heappop(q)
        last = u[-1]
        if last == goal:
            return u
        for i in edges[last]:
            if dist[i[0]] > dist[last] + i[1]:
                dist[i[0]] = dist[last] + i[1]
                heapq.heappush(q, [dist[last] + i[1] + nodes[i[0]], u + [i[0]]])

    return []

# コストの推定値
nodes = [
    10, 14, 10, 10, 9, 9, 5, 0, 9, 8, 6, 4, 7, 3
]

# 辺のリスト（終点とコストのリスト）
edges = [
    [[4, 1], [5, 1]],
    [[2, 12], [3, 4], [4, 15]],
    [[1, 12], [9, 2], [11, 6]],
    [[1, 4], [5, 3], [8, 3]],
    [[1, 15], [0, 1], [6, 6]],
    [[0, 1], [3, 3], [6, 4]],
    [[4, 6], [5, 4], [10, 1]],
    [[11, 4], [13, 5]],
    [[3, 3], [9, 1], [10, 5]],
    [[2, 2], [8, 1], [12, 1]],
    [[6, 1], [8, 5], [13, 3]],
    [[2, 6], [7, 4], [12, 5]],
    [[9, 1], [11, 5], [13, 6]],
    [[7, 5], [10, 6], [12, 3]]
]
print(astar(edges, nodes, 7))
```

これを実行すると、次のような出力が得られます。

実行結果　astar.py（リスト6.8）を実行

```
C:¥>python astar.py
[0, 5, 6, 10, 13, 7]
C:¥>
```

図6.15のグラフにおいて、Sを0とし、Aを1、Bを2、…というようにアルファベット順に番号を振っているので、この結果は「S（0）」→「E（5）」→「F（6）」→「J（10）」→「M（13）」→「G（7）」の順に移動すると最短であることを示しています。

このように経路を求められました。今回のサイズくらいであれば、ダイクストラ法でもA*アルゴリズムでも処理時間はそれほど変わりませんが、探索する量が少なくなっています。

グラフの規模が大きくなるとその効果も大きくなり、効率的に探索できます。実際に求められる精度と、その処理時間などを考えてアルゴリズムを選択するとよいでしょう。

他にも、分割統治法や双方向探索など、最短経路を求めるときにはさまざまな方法が考えられます。ぜひ調べてみてください。

6.5 文字列探索の力任せ法

- 前方から文字列を順に検索する方法を学ぶ。
- Pythonでの文字列の扱い方を学ぶ。

索引のない文字列から探す

長い文章の中から特定の文字列を探すことを考えます。検索エンジンの場合、大量に保存しているWebサイトの中から特定のキーワードで検索する必要があります。利用者も、開いたWebページから特定の言葉がどこにあるのか探す場面もあるでしょう。

検索エンジンの場合は高速な検索を実現するためにN-gram※1などの手法により索引を作成するなどさまざまな工夫をしていますが、文書ファイルの中から文字列を検索する場合、索引などはありません。

一致する位置を前から順に探す

そこで、このような文字列探索を実現する方法を考えます。すぐに思いつくのは、前から順に一致する文字列を探す方法でしょう。なお、ここでは文書ファイルなどの検索対象のことを「テキスト」、見つけたい文字列のことを「パターン」というものとします。

たとえば、「SHOEISHA SESHOP」というテキストの中で、「SHA」というパターンが最初に登場する位置を探す場合、先頭の「S」を比較して一致するか調べます（図6.16）。最初の「S」は一致するので次の「H」を比較します。ここでも一致しますが、

※1　与えられた文章を、連続したn個の文字で分割し、索引のようなものを作る方法。たとえば、n=2のとき「この本はアルゴリズムの入門書です」という文章は「この」「の本」「本は」「はア」「アル」「ルゴ」「ゴリ」「リズ」「ズム」「ムの」「の入」「入門」「門書」「書で」「です」というように分割します。

次の「O」と「A」は一致しません。そこで、最初から1文字ずらして探す、ということを繰り返します。

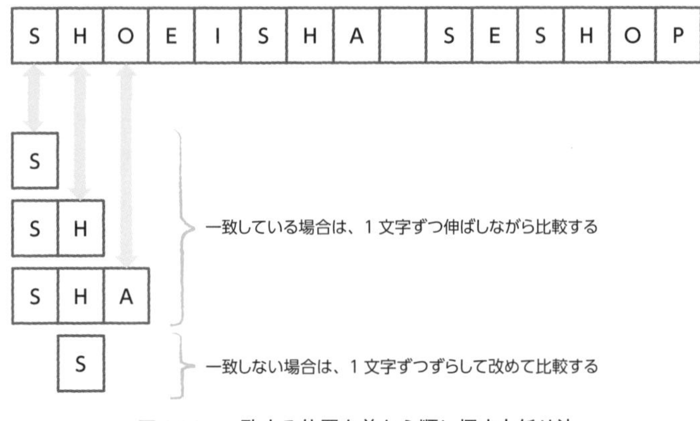

図6.16　一致する位置を前から順に探す力任せ法

このように、前から順に力任せで繰り返すので、「力任せ法」といわれます。名前の通り、力任せなので効率はあまりよくありません。

力任せ法の実装

Pythonで実装すると、リスト6.9のように書けます。

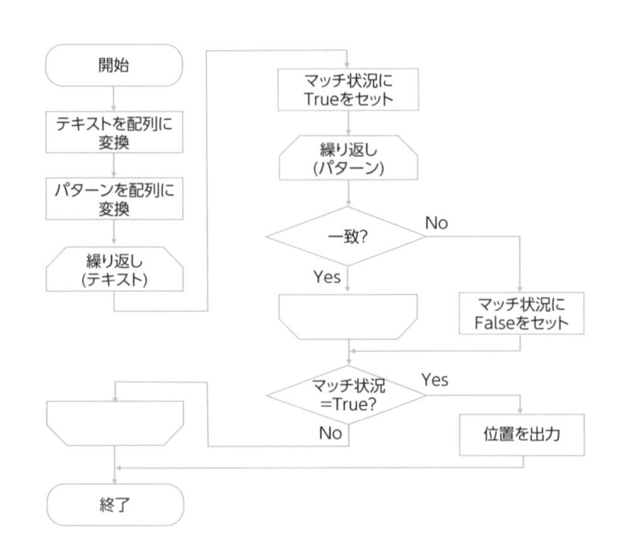

リスト6.9　search_string.py

```
text = list('SHOEISHA SESHOP') ←テキストをリストに変換
pattern = list('SHA')           ←パターンをリストに変換

for i in range(len(text)):
    match = True                ←一致しているものとして探索開始
    for j in range(len(pattern)):
        if text[i + j] != pattern[j]:
            match = False       ←一致しなかった
            break
    if match:            ←すべての文字が一致していれば出力
        print(i)
        break
```

実行結果　search_string.py（リスト6.9）を実行

```
C:¥>python search_string.py
5
C:¥>
```

Pythonでは`list`関数を使うことで、文字列を1文字ずつのリストに変換できます。テキストのリストとパターンのリストを1文字ずつ一致するか調べながら繰り返し、パターンと完全に一致する場所があれば探索終了です。

この程度のサイズであれば一瞬で処理は終了しますが、長いテキストになると長時間かかります。

6.6 Boyer-Moore法

- 末尾から比較するとともに、ずらす文字数を考慮するBoyer-Moore法について学ぶ。
- 力任せ法との処理時間を比較する。

力任せ法の問題点

力任せ法で問題となるのは、不一致になった場合に1文字ずらしてパターンの最初から探索する必要があることです。パターンが一致しないことがわかったら、大きくずらすことができれば高速化できそうです。

たとえば、「SHOEISHA」の最初の「SHO」とパターンの「SHA」を比較したとき、次の「H」から比較するのではなく3文字分移動して「E」から比較できると高速化できます（図6.17）。

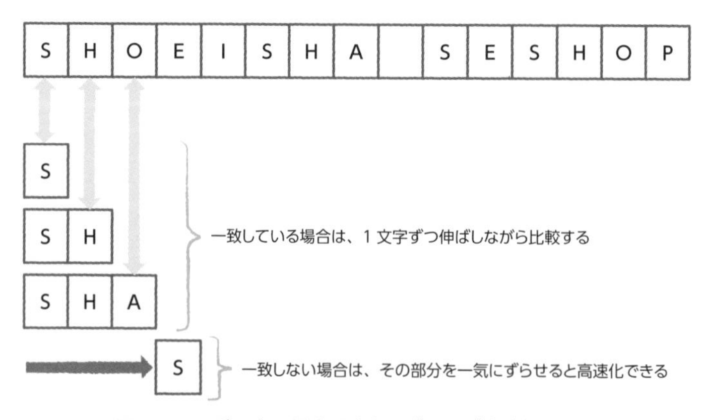

図6.17　一致しない場合は大きくずらせば高速化できる

文字列探索を効率的に行なうアルゴリズムとして、KMP法やBoyer-Moore法（ボイヤー・ムーア法）があります。KMP法は、理論上は高速なアルゴリズムですが、実用上はそれほど高速に処理できないことが知られています。

末尾から比較し、一気にずらす

Boyer-Moore法（名前の通り、BoyerとMooreの2人によって開発されたアルゴリズム）は、検索するパターンについて前処理を行なうとともに、パターンの「末尾から比較」することで処理を高速化します。

この前処理では、パターン内のそれぞれの文字について、何文字ずらせるかあらかじめ計算します。パターンに含まれない文字がテキストに登場すると、テキストと一致することはないためパターンの文字数分ずらせます。パターンに含まれる文字の場合は、後ろからその文字までの文字数分ずらせます。

つまり、「SHA」というパターンを検索する場合（図6.18）、「A」は0文字、「H」は1文字、「S」は2文字、それ以外は3文字ずらすと考えられます（実際には、0文字ずらすのは意味がないので、「A」も3文字ずらす）。

文字	S	H	その他
ずらす文字数	2	1	3

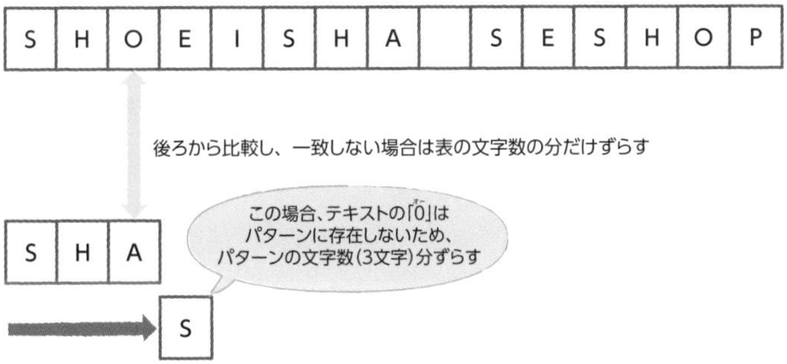

S	H	O	E	I	S	H	A		S	E	S	H	O	P

後ろから比較し、一致しない場合は表の文字数の分だけずらす

S	H	A

この場合、テキストの「O」は
パターンに存在しないため、
パターンの文字数（3文字）分ずらす

S

図6.18 末尾から比較し、一気にずらすBoyer-Moore法

これをプログラムで実装してみます（リスト6.10）。ずらす文字数を事前に辞書（連想配列）に作成し、その文字数の分だけずらします。この辞書は前から順に生成することで、同じ文字がパターン内に複数回登場する場合は上書きし、右端の位置を使用できます。

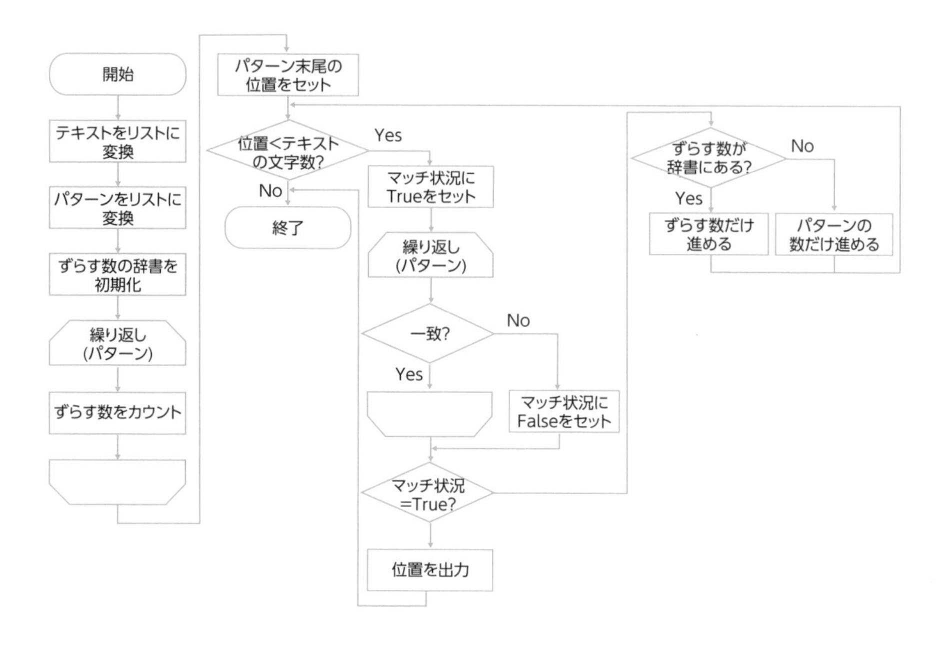

リスト6.10　search_string_bm.py

```
text = list('SHOEISHA SESHOP')
pattern = list('SHA')

skip = {}
for i in range(len(pattern) - 1):
    skip[pattern[i]] = len(pattern) - i - 1    ←ずらす数をカウント

i = len(pattern) - 1
while i < len(text):
    match = True
    for j in range(len(pattern)):
        if text[i - j] != pattern[len(pattern) - 1 - j]:
            match = False
            break
    if match:
        print(i - len(pattern) + 1)
        break
    if text[i] in skip:
        i += skip[text[i]]        ←用意した数だけ位置をずらす
    else:
        i += len(pattern)         ←パターンの文字数だけ位置をずらす
```

処理時間の比較

実際に長い文字列を与えたとき、その処理時間にどれくらいの違いがあるのか、力任せ法とBoyer-Moore法で比較してみます。ただし、与える文字列の内容によって、処理時間に大幅な違いが出ることを考え、ここでは次の3つについて処理を行ないます。

- **青空文庫での文字列**

  青空文庫から太宰治の『人間失格』を使ってみます。7万文字を超える、それなりの長さがある文章です。

- **ランダムな文字列**

  「あ」から「ん」までの文字をランダムに約7万文字並べて作成した文章です。

- **同じ文字が多く含まれる文字列**

  「ABCDEFGHIJKLMNOPQRSTUVWXYZ」という文字列を繰り返し、約7万文字になるように作成した文章です。

それぞれについて、末尾にある25文字ほどの文字列を探してみます。実際にプログラムを実行して試してみると表6.4のようになり、一般的に使われるような文字列の場合は、その内容の違いによる処理時間にはそれほど差が出ないことがわかります。

表6.4　文字列探索の処理時間の比較

	力任せ法	Boyer-Moore法
青空文庫での文字列	0.09秒 (CPU時間：0.145)	0.05秒 (CPU時間：0.086)
ランダムな文字列	0.09秒 (CPU時間：0.130)	0.05秒 (CPU時間：0.086)
同じ文字が多く含まれる文字列	0.10秒 (CPU時間：0.145)	0.04秒 (CPU時間：0.086)

これは、25文字程度では、途中まで一致していた状態で不一致になってやり直す影響がそれほど大きくないことが考えられます。

また、7万文字程度の文字列から1つのキーワードを探すだけであれば、現代のコンピュータでは力任せ法でも一瞬で処理できます。膨大なデータから何度も繰り返し検索するような場合にはBoyer-Moore法が有効な場面もありますが、目的に応じて使い分けるようにしましょう。

6.7 逆ポーランド記法

- 逆ポーランド記法での表現と計算順序を理解する。
- スタックを使った計算を実装できるようになる。

演算子を前に置くポーランド記法

プログラムで電卓のような機能を作成する場面を考えてみましょう。たとえば、「4+5*8-9/3」のような文字列が与えられたとき、これを計算して「41」という結果を出力するプログラムです。

与えられた文字列を前から順に処理する方法も考えられますが、掛け算や割り算を先に処理する必要があり、なかなか難しいものです。これに、カッコが入った「4*(6+2)-(3-1)*5」のような式を考えると、さらに複雑になります。

この処理が難しいのは、演算子が数の間にあるからで、このような書き方を「中置記法」といいます。一般的な数学の書き方は中置記法によるものです。これを簡単にするために、演算子を前に置く「ポーランド記法（前置記法）」と、後ろに置く「逆ポーランド記法（後置記法）」があります。

ポーランド記法を使うと、「1+2」という計算を「+ 1 2」のように表記します。上記の例の場合、「4+5*8-9/3」は「- + 4 * 5 8 / 9 3」、「4*(6+2)-(3-1)*5」は「- * 4 + 6 2 * - 3 1 5」のようになります。

このように、カッコを使うことなく演算を一意に表現できることが特徴で、前から順に処理するだけで答えを求められます。ただし、複数の数を区別するために区切り文字が必要で、一般的にはスペース（空白）が用いられます。

また、図6.19のような木構造で考えられることから、プログラムでの処理も簡単になります。たとえば、LISPなどのプログラミング言語はこのポーランド記法だと考えられます。

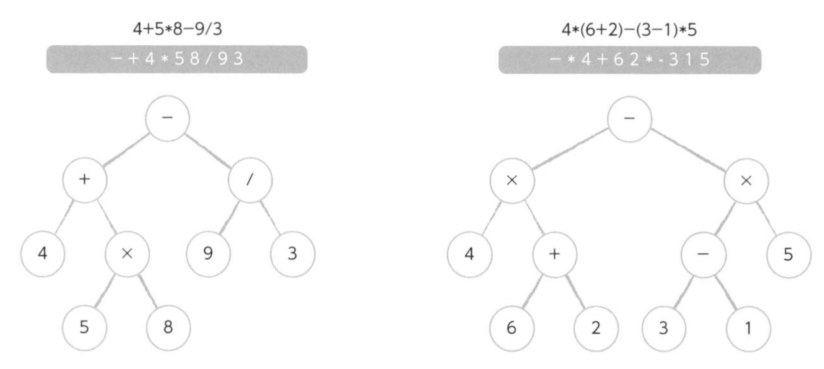

図6.19　ポーランド記法の木構造

演算子を後ろに置く逆ポーランド記法

一方、逆ポーランド記法では、演算子を後ろに書きます。たとえば、上記の例の場合、「4+5*8-9/3」は「4 5 8 * + 9 3 / -」、「4*(6+2)-(3-1)*5」は「4 6 2 + * 3 1 - 5 * -」のようになります。

逆ポーランド記法は「1+2」を「1 2 +」のように書くため、日本語の「1と2を足す」という表現に似ていると考えられます。逆ポーランド記法もポーランド記法と同様に、複数の数を区別するために区切り文字が必要で、スペースで区切って表現します。

逆ポーランド記法で書かれたものはスタックで処理しやすいという特徴があります。先頭から順に読み込んで、数であればスタックに積み、演算子であればスタックから値を取り出して計算した結果をまたスタックに積む、という操作を繰り返すだけで計算ができます。

たとえば、「4 6 2 + * 3 1 - 5 * -」の場合は、図6.20のような手順で処理が行なわれます。

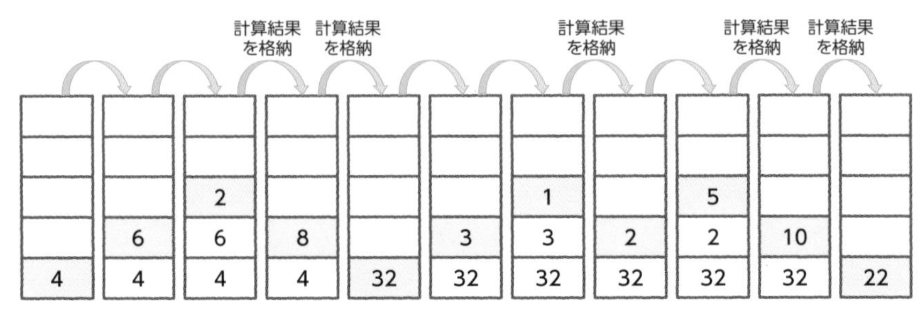

図6.20 「4 6 2 + * 3 1 - 5 * -」の処理手順

これを処理するプログラムを作成すると、リスト6.11のように書けます。ここでは、加減乗除の4つの演算子のみ対応しています。スタックから取り出すときは、入れた順番と逆になるため、取り出す順番に注意しないと引き算や割り算の結果が変わってしまうため注意が必要です。

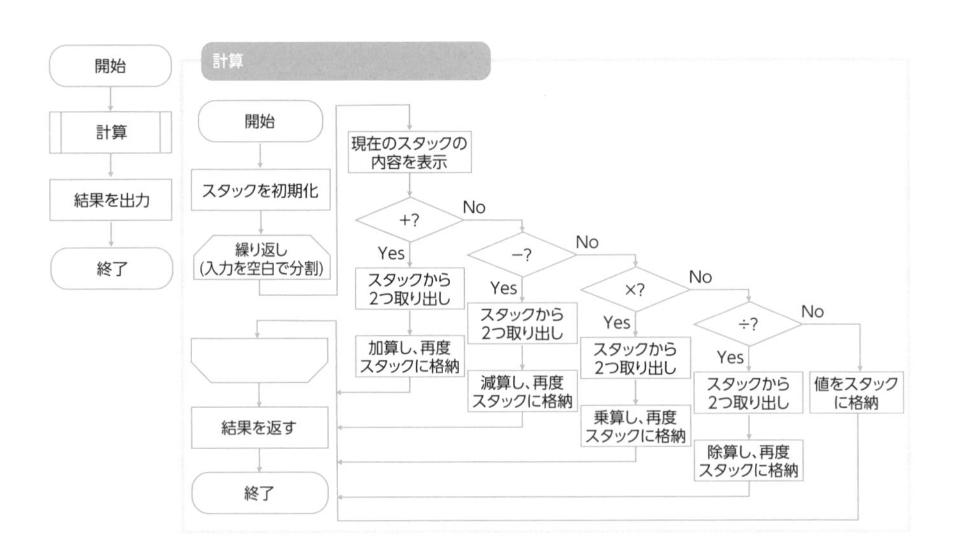

リスト6.11　calc.py

```
def calc(expression):
    stack = []
    for i in expression.split(' '):
        # 現在のスタックの内容を表示
        print(stack)
        if i == '+':
```

```
            # +のときはスタックから2つ取り出して加算し、再度格納する
            b, a = stack.pop(), stack.pop()
            stack.append(a + b)
        elif i == '-':
            # -のときはスタックから2つ取り出して減算し、再度格納する
            b, a = stack.pop(), stack.pop()
            stack.append(a - b)
        elif i == '*':
            # *のときはスタックから2つ取り出して乗算し、再度格納する
            b, a = stack.pop(), stack.pop()
            stack.append(a * b)
        elif i == '/':
            # *のときはスタックから2つ取り出して除算し、再度格納する
            b, a = stack.pop(), stack.pop()
            stack.append(a // b)
        else:
            # 演算子以外(数字)のときはその値を格納する
            stack.append(int(i))
    return stack[0]

print(calc('4 6 2 + * 3 1 - 5 * -'))
```

実行結果　calc.py（リスト6.11）を実行

```
C:¥>python calc.py
[]
[4]
[4, 6]
[4, 6, 2]
[4, 8]
[32]
[32, 3]
[32, 3, 1]
[32, 2]
[32, 2, 5]
[32, 10]
22
C:¥>
```

ポーランド記法や逆ポーランド記法は、第5章で解説したスタックなどの操作の勉強になるだけでなく、木構造を処理するプログラムに応用できるため、多くの場面で使われています。

6.8 ユークリッドの互除法

- 数学的な考え方を実装することで、高速に処理できるアルゴリズムがあることを理解する。
- ユークリッドの互除法を実装できるようになる。

最大公約数を効率よく求める

2つの自然数の最大公約数を求める方法として、「ユークリッドの互除法」が有名です。約数を求めるには、第2章で解説した素数を求める方法を活用することもできますが、ユークリッドの互除法を使うと高速に求められます。

ユークリッドの互除法は、名前の通り「除法」つまり「割り算」を繰り返して計算します。その背景には最大公約数における次の定理があります。

> **定理**
>
> 2つの自然数a,bについて、aをbで割ったときの商をq、あまりをrとすると、「aとbの最大公約数」は「bとrの最大公約数」に等しい。

証明は省略しますが、この定理を使うと、次の手順で最大公約数を求められます。

(1) aをbで割り、あまりr_0を求める
(2) bをr_0で割り、あまりr_1を求める
(3) r_0をr_1で割り、あまりr_2を求める
(4) あまりが0になった時点で、割る数が求める最大公約数となる

たとえば、a=1274、b=975の場合、次のように最大公約数が求められます。

(1) 1274 ÷ 975=1 あまり 299
(2) 975 ÷ 299=3 あまり 78
(3) 299 ÷ 78=3 あまり 65
(4) 78 ÷ 65=1 あまり 13
(5) 65 ÷ 13=5 あまり 0

これにより、最大公約数は「13」となります。

これをプログラムで実装してみます。最大公約数は英語で「Greatest Common Divisor」というため、gcdという関数名で作成します。

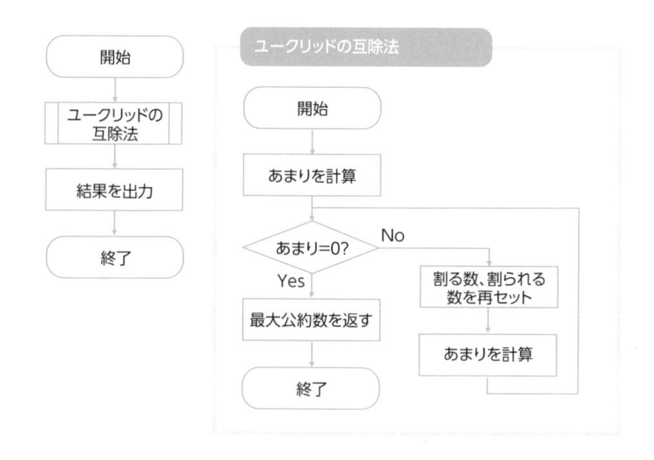

リスト6.12 gcd1.py

```
def gcd(a, b):
    r = a % b
    while r != 0:
        a, b = b, r
        r = a % b    ←あまりを求める

    return b

print(gcd(1274, 975))
```

なお、あまりを直接代入することで、もっとシンプルに書くこともできます。リスト6.13の方法では、関数gcdの引数bが0の場合でもエラーにならずに処理できます。

リスト6.13　gcd2.py

```
def gcd(a, b):
    while b != 0:
        a, b = b, a % b

    return a

print(gcd(1274, 975))
```

高度なアルゴリズムを学ぶ

この章では、最短経路問題や文字列の検索など、実務に役立つアルゴリズムを紹介しました。また、数学的な考え方によって、コンピュータを使って効率よく処理を行なう方法について解説しました。

最近では、よく使われるアルゴリズムについてはライブラリとして用意されていることも多く、このような処理を自分で実装することは少なくなっています。しかし、実務で複雑な手順の処理を実装することは珍しくありません。

このような場合に、アルゴリズムの考え方や計算量の求め方を知っているだけで、複数の実装方法の中から最適なものを選ぶことができます。また、実装してみた処理の実行に時間がかかる場合など、その処理を改善するときにもアルゴリズムに関する知識は必須です。

本書ではあくまでも入門的な内容を扱いましたが、その他にも高度なアルゴリズムは多く知られています。もしアルゴリズムに興味がある場合は、専門書を手に取ってみる、競技プログラミングや数学パズルといった問題を解いてみるのもよいでしょう。

Pythonに限らず、他の言語で書かれている本やWebサイトは多く公開されていますので、これらに書かれている内容をPythonで実装してみるのも勉強になります。ぜひ手を動かして、体感するようにしてください。

理解度Check！

●問題1　同じ文字が連続する場合、その文字の出現回数を数えて圧縮するアルゴリズムを考えます。

ここでは、0と1の2つの文字だけで構成される文字列を、回数だけで表現します。これは、FAXの圧縮などで使われている方法です。

たとえば、「000000111111001110000000001111」を[6 7 2 3 8 4]というリストに変換するプログラムを作成してください。

なお、文字列は必ず「0」から始まるものとし、「1」で始まる場合はリストの先頭を0にします。

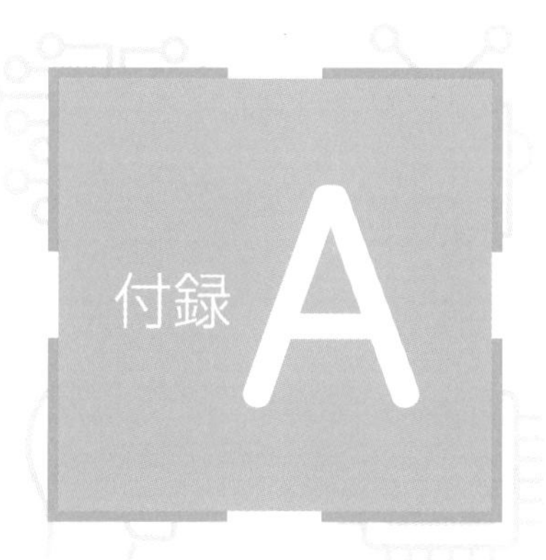

Pythonのインストール

A.1 Pythonの処理系を知る
A.2 AnacondaでPythonをインストールする
A.3 複数のバージョンのPythonを切り替える
A.4 パッケージのインストールと削除
A.5 インストールがエラーになった場合

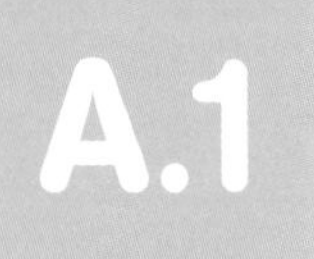

A.1 Pythonの処理系を知る

プログラミング言語は「言語」と「処理系」の2つに分けられます。文法などを定めた「言語」仕様の部分によって、そのプログラミング言語におけるソースコードの書き方が決まります。一方、同じプログラミング言語であっても、OSやハードウェアにあわせてさまざまな企業が複数の「処理系」を作っています。

Pythonにも複数の処理系が存在しますが、いずれも無償で利用でき、商用利用でも問題ありません。その中でも、最も広く使われているのが「CPython」というC言語による実装です。

処理系は、大きく3つの部分で構成されています（図A.1）。それは、ソースコードから文法を「解釈・変換」する部分、よく使われる機能として事前に用意された「ライブラリ」、ソフトウェアを実際に動作・実行させる「環境」です。

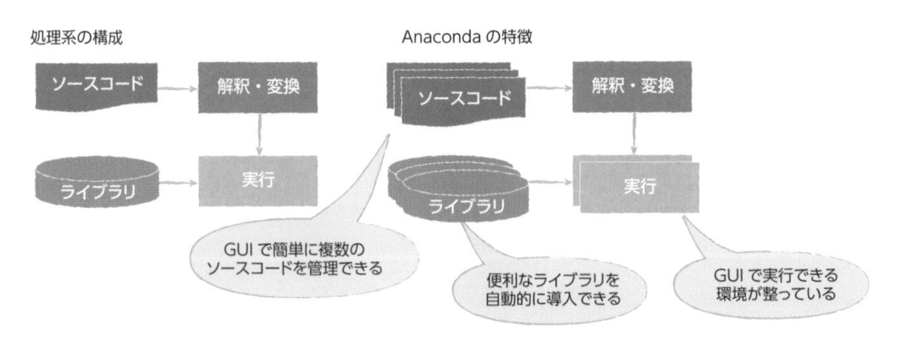

図A.1　処理系の構成とAnacondaの特徴

Pythonは公式サイトから必要なものだけをダウンロードしてインストールすることもできますが、多くのライブラリがあるため個別にインストールすると大変です。

そこで、本書では「Anaconda」というディストリビューション（一括でインストールできるようにしたパッケージ）を使用します。Anacondaでは、よく使われるライブラリの他、GUIでソースコードを作成し実行できる環境など初心者に優しい機能が豊富に用意されており、これらを簡単に導入できることが特徴です。

A.2 AnacondaでPythonをインストールする

Anacondaは下記サイトからダウンロードできます（図A.2）。執筆時点の最新バージョンはAnaconda 2019.10でした。

```
https://www.anaconda.com/distribution/
```

上記のサイトではPythonのバージョンとして2系と3系を選べますが、ここでは画面左側の3系を導入します。導入する環境のOS（Windows、macOS、Linux）、CPUの種類（64ビット、32ビット）にあわせて、最適なものを選択してダウンロードします。

図A.2　https://www.anaconda.com/distribution/

Windowsの場合

Windowsにインストールする場合は、ダウンロードしたインストーラを実行します。英語の画面ですが、図A.3のように、画面の指示に従って［Next >］などのボタンを押していくだけなので容易です。

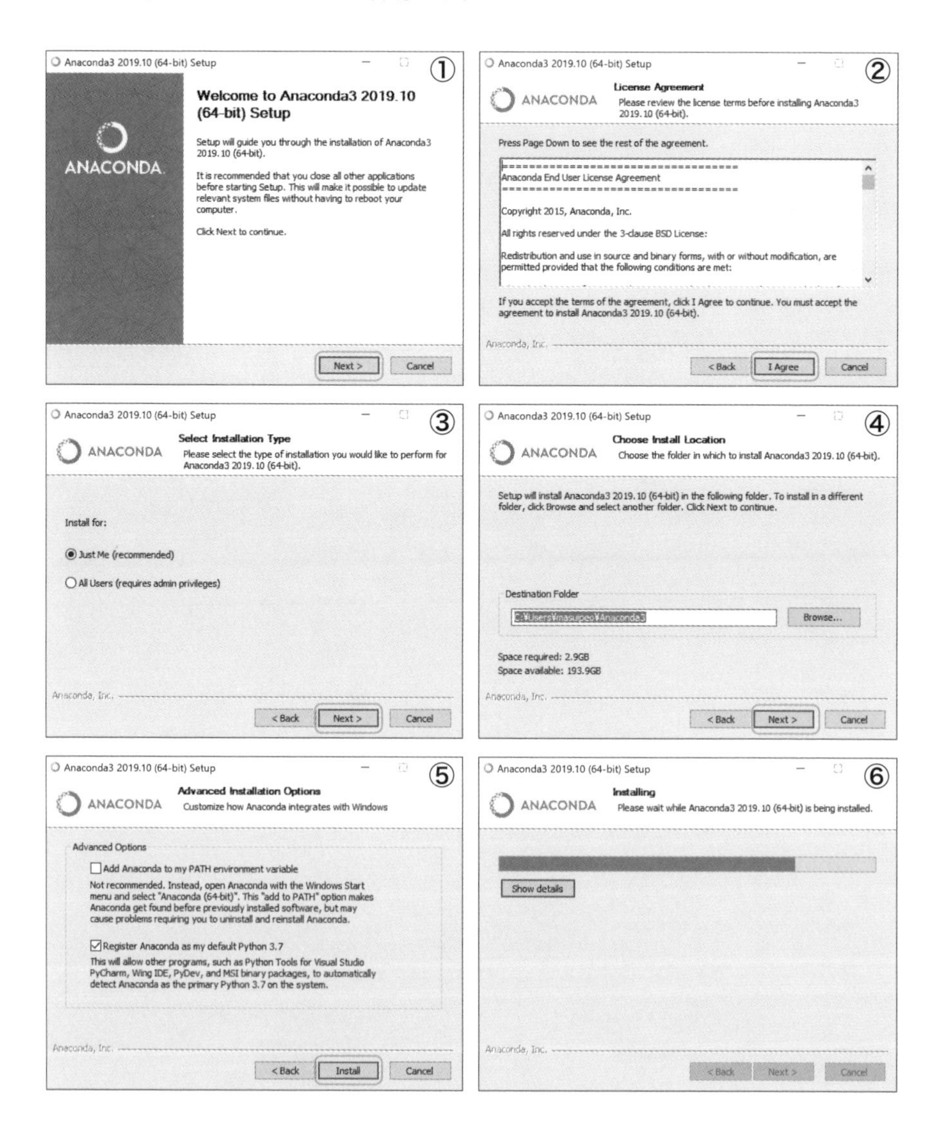

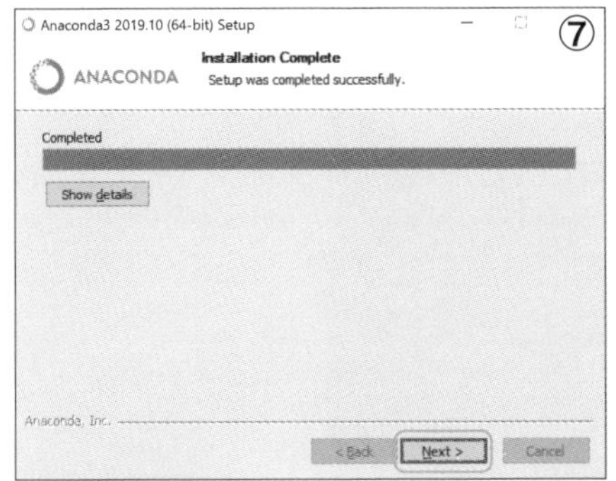

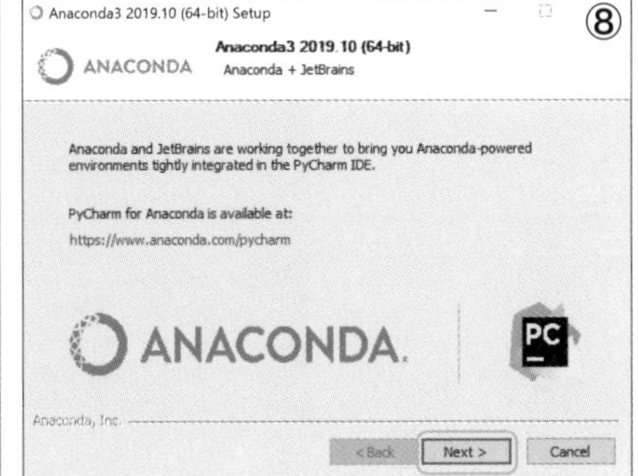

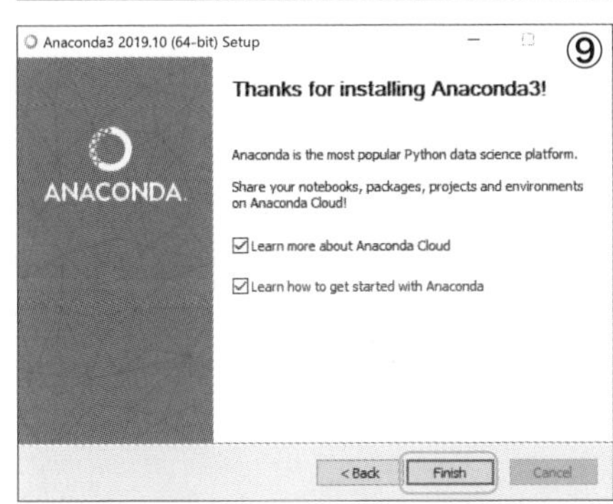

図A.3　Anacondaのインストール（Windows）

インストール完了後は、Windowsのスタートメニューに図A.4のように表示されます。一番上にある「Anaconda Navigator」を選べば、GUIのメニューが開きます（図A.5）。追加のパッケージのインストールなどもこのメニューを使えば簡単です。

また、本文で紹介したようにIDEで扱いたい場合は、図A.4の一番下の「Spyder」を使います。

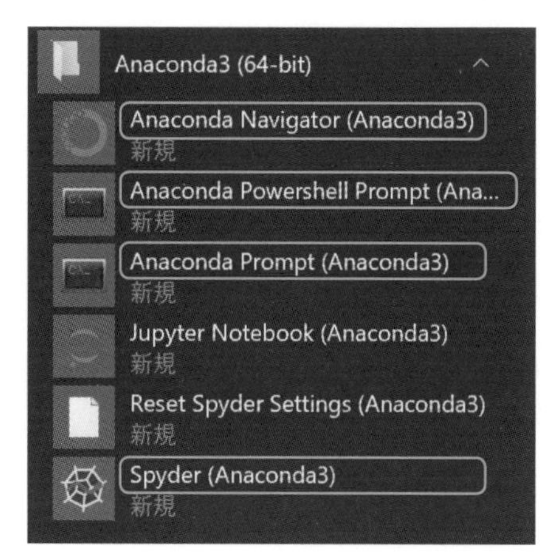

図A.4　スタートメニューにAnacondaの起動メニューが追加

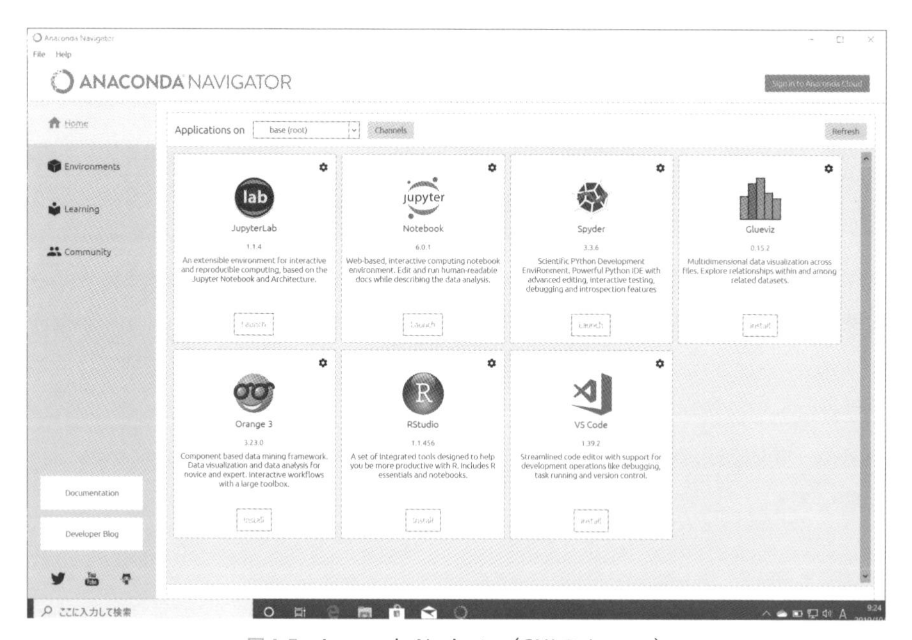

図A.5　Anaconda Navigator（GUIのメニュー）

VimやEmacs、Visual Studio Codeなどのテキストエディタを別に用意する場合は、図A.4の2つ目にある「Anaconda Powershell Prompt」、または3つ目にある「Anaconda Prompt」を使うとよいでしょう。

これらを使ってPythonのバージョンを確認するには、次のコマンドを実行します（図A.6）。

Pythonのバージョンを確認

```
C:¥>python --version
```

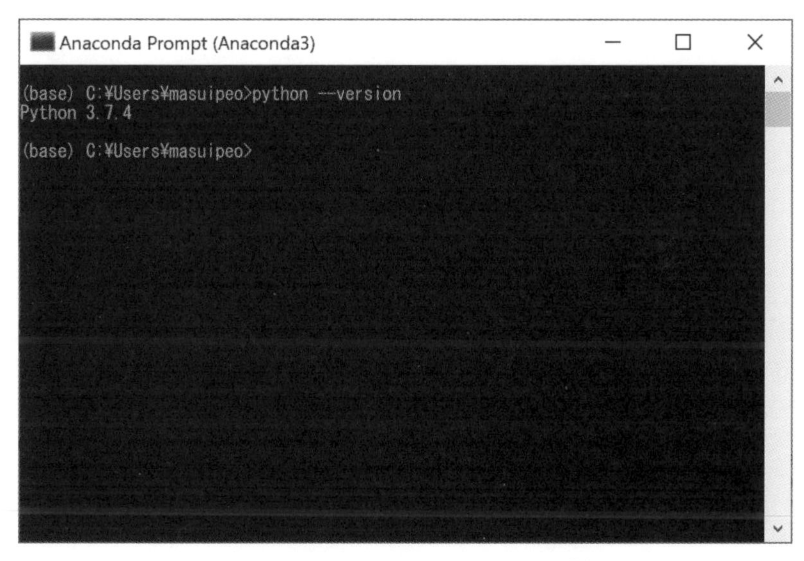

図A.6　Anaconda Promptでコマンドを実行

インストールした時期やバージョンの違いにより、表示されるメッセージの内容は変わりますが、図A.6のように表示されれば、インストールは成功しています。もし、インストールが完了した後で実行しても、このようなメッセージが表示されない場合は、コンピュータの再起動などを行なってください。

macOSやLinuxの場合

macOSやLinuxでもAnacondaはインストールできます。この場合も、画面の指示に従って進めれば問題ないでしょう。

また、macOSの場合はHomebrew、Linuxの場合はaptやyumといったパッケージ管理システムを使う方法もあります。これらを使うと、コマンド1つだけでPythonやAnacondaをインストールできます。

例）HomebrewでPythonだけをインストールする場合

```
$ brew install python
```

例）HomebrewでAnacondaをインストールする場合

```
$ brew cask install anaconda
```

例）aptでPythonだけをインストールする場合

```
$ sudo apt install python3.7
```

A.3 複数のバージョンのPythonを切り替える

複数の開発プロジェクトに参加していると、そのプロジェクトで使用しているPythonのバージョンが異なることも考えられます。この場合、開発環境で使用するPythonのバージョンを複数切り替えて使う必要があります。

Rubyなどの他のプログラミング言語でも「rbenv」などのツールが利用されますが、Pythonでもこのようなツールがよく使われます。

Anacondaをインストールしている場合は、図A.5で紹介した「Anaconda Navigator」を使うと簡単です。図A.7のように左側のメニューで「Environments」を選択し、画面下の「Create」を押すと、Pythonのバージョンを選択できます。

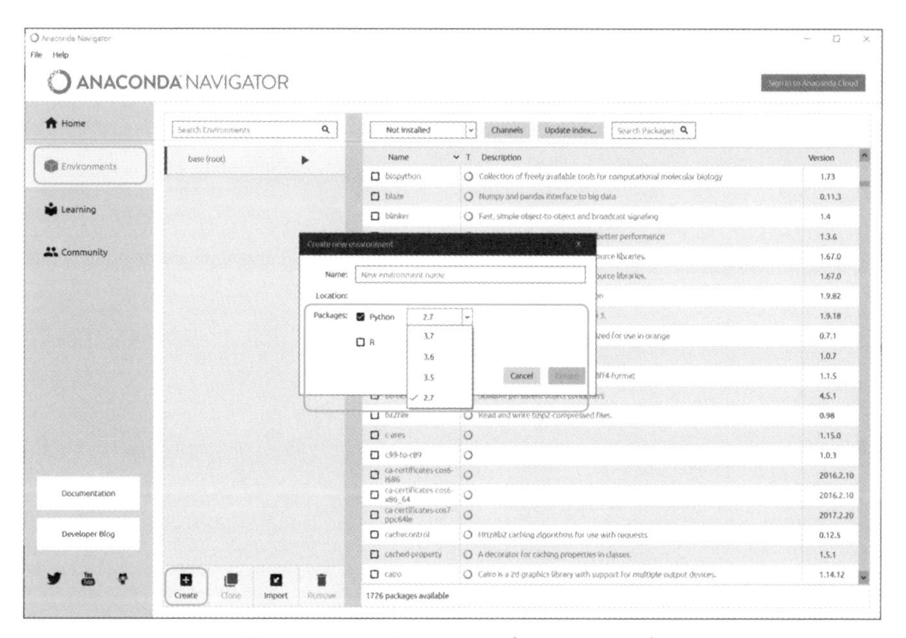

図A.7 Anaconda Navigator (GUIのメニュー)

また、Anacondaを使用していない場合も、Windowsの場合は、Pythonに付属する「py.exe」というツールがよく使われます。

macOSでは「pyenv」が有名で、複数のPython環境をディレクトリ単位で簡単に切り替えることができ、新たなバージョンの導入も簡単です。Homebrewを使うことが一般的で、次のようにpyenvをインストールして各コマンドを実行します。

Homebrewでpyenvをインストールする

```
$ brew install pyenv
```

インストール可能なPythonのバージョンを調べる

```
$ pyenv install -list
```

特定のバージョンのPythonをインストールする

```
$ pyenv install 3.7.4
```

インストール済みのPythonのバージョンを調べる

```
$ pyenv versions
  system
* 3.6.5 (set by /Users/masuipeo/.pyenv/version)
  3.7.4
$
```

現在のディレクトリで使うPythonのバージョンを切り替える

```
$ pyenv local 3.7.4
```

すべてのディレクトリで使うPythonのバージョンを切り替える

```
$ pyenv global 3.7.4
```

A.4 パッケージのインストールと削除

Pythonは標準でインストールされるライブラリだけでも便利に使えますが、追加でパッケージをインストールすることで、統計や機械学習など豊富な機能を簡単に扱えるようになります。

Anacondaを使っている場合は、デフォルトで便利なパッケージをインストールしてくれていますが、インストールされていないものでも、「Anaconda Navigator」やcondaコマンドを使うことで簡単にインストールできます。

Anacondaを使っていない場合でも、Pythonにはpipコマンドがあり、インストールしたいパッケージを指定するだけで導入できます。

たとえば、第2章で紹介したSymPyパッケージを導入するには、次のようなコマンドを入力します。

パッケージのインストール方法

```
$ conda install sympy
または
$ pip install sympy
```

不要になった場合も、コマンドだけで削除できます。

パッケージの削除方法

```
$ conda uninstall sympy
または
$ pip uninstall sympy
```

また、パッケージのアップデートが必要な場合は、次のように実行します。

パッケージの更新方法

```
$ conda update sympy
または
$ pip install --upgrade sympy
```

A.5 インストールがエラーになった場合

・他のバージョンのPythonがインストールされている場合

事前に他のバージョンのPythonがインストールされていると、エラーになる場合があります。不要なバージョンがインストールされている場合は、インストール前にアンインストールしておくと、問題の発生を防ぐことができます。

・インストールするディレクトリ名に日本語が含まれている場合

ユーザー名に日本語の名前を使っている場合など、インストール先のディレクトリ名に日本語や全角スペースが含まれていると、インストールに失敗する、もしくはインストール後に正しく動かない場合があります。インストール先には、アルファベットだけのディレクトリ名を使うようにしましょう。

・権限がなくインストールできない場合

インストール時に管理者権限がなく、インストールできないというメッセージが出る場合は、実行したいプログラムを右クリックし、「その他」→「管理者として開く」というメニューを選択します。

たとえば、「Anaconda Prompt」を管理者権限で開くには、スタートメニューから「Anaconda 3」の中にある「Anaconda Prompt」を右クリックし、「その他」→「管理者として実行」を選択します。

理解度Check！の解答

[第1章] 理解度Check！

【問題1】

得られる出力は次のようになります。

```
3
7
3
```

関数calc内で変数xに加算していますが、グローバル宣言されていないため、ローカル変数として処理されます。引数としてxが指定されているため、呼び出された時点でのxの値が使われ、その値に4を加算して返します。

つまり、最初のxは関数calcが呼び出されていないため、初期設定された値「3」が、次のcalc(x)では引数の3に4を加算した7が出力されます。

最後のxは関数calcによって変更されることはないため、初期設定された値「3」がそのまま出力されます。

【問題2】

得られる出力は次のようになります。

```
[3]
[7]
[7]
```

関数calc内では、引数で渡された変数aのリストにおける先頭の要素の値に4を加算して、返しています。引数としてリストが渡された場合は、参照渡しであるため、そのリストの内容を書き換えます。

つまり、最初のaは関数calcが呼び出されていないため、初期設定されたリスト[3]が、次のcalc(a)では引数のリストにおいて先頭の要素に4を加算したリスト[7]が出力されます。

最後のaは関数calcによって変更されているため、変更されたリスト[7]が出力されます。

【問題3】

得られる出力は次のようになります。

```
[3]
[4]
[3]
```

関数calc内では、引数で渡された変数aのリストを書き換えて返しています。引数としてリストが渡された場合は、参照渡しですが、その内容を書き換えているだけであり、元のリストは上書きされません。

つまり、最初のaは関数calcが呼び出されていないため、初期設定されたリスト[3]が、次のcalc(a)では書き換えられたリスト[4]が出力されます

最後のaは関数calcによって変更されることはないため、初期設定されたリスト[3]が出力されます。

［第２章］理解度Check！

【問題1】

うるう年の条件に一致するときに「True」を、それ以外の場合に「False」を返す関数を作成します。

この関数を、問題文で与えられた1950年から2050年まで繰り返して実行すると、次のようなプログラムが作成できます。

leap_year.py

```
def is_leap_year(year):
    if year % 4 == 0:
        if year % 100 == 0 and year % 400 != 0:
            return False
        else:
            return True
    else:
        return False

for i in range(1950, 2051):
    print(str(i) + ' ' + str(is_leap_year(i)))
```

【問題2】

与えられた西暦から元号を返すには、次のようなプログラムを作成します。

gengo.py

```
def gengo(year):
    if year < 1868:
        return ''
    elif year < 1912:
        return '明治' + str(year - 1867) + '年'
    elif year < 1926:
        return '大正' + str(year - 1911) + '年'
    elif year < 1989:
        return '昭和' + str(year - 1925) + '年'
    elif year < 2019:
        return '平成' + str(year - 1988) + '年'
    else:
        return '令和' + str(year - 2018) + '年'
```

[第3章] 理解度Check！

【問題1】

(1) O(1)

身長や体重が増えても、処理時間は変わらないためO(1)です。

(2) $O(n^2)$

縦方向と横方向で二重にループを繰り返すため、$O(n^2)$です。

(3) $O(n)$

項の数が増えるだけであるため、$O(n)$です。

[第4章] 理解度Check！

【問題1】

256通り

階が1つ増えるごとに、止まるか止まらないかの2通りずつ増えます。

つまり、階数と組み合わせの数について表を作成すると、次のようになります。

階数	2	3	4	5	6	7	8	9	10
組み合わせ	1	2	4	8	16	32	64	128	256

一般に、階数をnとすると、その組み合わせの数は2^{n-2}と表現できます。

【問題2】

10,000,000人

(青森県+宮城県+福井県+岐阜県+鳥取県+徳島県+佐賀県+長崎県)

単純にすべての組み合わせを調べると、各都道府県を「選ぶ」「選ばない」の2通りがあり、47都道府県で2^{47}通りを調べなければなりません。これは現実的ではありません。

しかし、目的の1,000万人を超えた場合、それ以上追加しても近づくことはありません。また、それまでに調べた値より1,000万人とのズレが大きいときも調べる必要はありません。

そこで、これらの条件を踏まえた上で、北海道から順に「選ぶ」「選ばない」のパターンを枝刈りしながら再帰的に探索します。

なお、ズレを求めるには、1,000万人との差の絶対値を使います。Pythonでは、absという関数で絶対値を求められます。

pref.py

```
# 近づける値
goal = 10000000

# 各都道府県の人口
pref = [
    5381733, 1308265, 1279594, 2333899, 1023119, 1123891, 1914039,
    2916976, 1974255, 1973115, 7266534, 6222666, 13515271, 9126214,
    2304264, 1066328, 1154008, 786740, 834930, 2098804, 2031903,
    3700305, 7483128, 1815865, 1412916, 2610353, 8839469, 5534800,
    1364316, 963579, 573441, 694352, 1921525, 2843990, 1404729,
    755733, 976263, 1385262, 728276, 5101556, 832832, 1377187,
    1786170, 1166338, 1104069, 1648177, 1433566
```

```
]

min_total = 0
def search(total, pos):
    global min_total
    if pos >= len(pref):
        return
    if total < goal:
        if abs(goal - (total + pref[pos])) < abs(goal - min_total):
            min_total = total + pref[pos]
        search(total + pref[pos], pos + 1)
        search(total, pos + 1)

search(0, 0)
print(min_total)
```

[第5章] 理解度Check！

【問題1】

出現する可能性がある値のリストを事前に作成し、それぞれの出現回数に0をセットしておきます。

与えられたデータを順に調べて、それぞれの値の出現回数をカウント、最後にその数だけそれぞれの値を出力します。

bin_sort.py

```
data = [9, 4, 5, 2, 8, 3, 7, 8, 3, 2, 6, 5, 7, 9, 2, 9]
# 回数を保存するリスト
result = [0] * 10

for i in data:
    # 回数をカウント
    result[i] += 1

# 結果を出力
for i in range(10):
    for j in range(result[i]):
        print(i, end=' ')
```

[第6章] 理解度Check！

【問題1】

処理中の値は0か1のためフラグで管理し、異なる値が現れたときにフラグを反転させます。

同じ値が続いている場合はカウントし、異なる値が現れたときはこれまでのカウント数をリストに追加し、新たにカウントをリセット、フラグを反転します。

fax.py

```
data = '000000111111100111000000001111'

flag = 0
count = 0
result = []
for i in list(data):
    if int(i) == flag:
        count += 1
    else:
        result.append(count)
        count = 1
        flag = 1 - flag

result.append(count)
print(result)
```

索引

記号・数字

' 23
- 14
!= 27
" 23
12
% 15, 54
( ) 15, 22
* 14
** 15
.py 11
/ 14
// 14
:
　条件式 25
　リストの範囲 21
[ ] 20
_ 18, 19
　アクセス範囲の制限 45
__
　アクセス範囲の制限 45
__del__ 44
__init__ 44
\ 28
+ 14, 24
< 27
<= 27
< > 27
= 19
== 25, 27
> 27
>= 27
0b 76
10進数 15, 70
　～から2進数に変換 72
　bin() 76
2進数 15, 70
　int() 76
　～から10進数に変換 74
3目並べ 151
　ミニマックス法による評価 154
8クイーン問題 140

A

A*アルゴリズム 229
　Pythonで実装 232
　コストの推定値を考える 231
Anaconda 8, 252
　～のインストール：macOS/Linux 257
　～のインストール：Windows 254
　～のダウンロード 253
　複数のバージョンのPythonを切り替え 259
Anaconda Navigator 255
Anaconda Powershell Prompt 256
Anaconda Prompt 256, 262
and 27, 58
AND演算 77
append() 32
arrayモジュール 21, 47

B

bin() 76
bool 17
Boyer-Moore法 238, 239
　Pythonで実装 239
　力任せ法との処理時間の比較 241
break 116
byte 17

C

class 17, 43
complex 17
conda 85

D

def 34, 43
dict 17, 37
divmod() 69

E

elif 55
else 25, 26
enumerate() 30

F

False 27
FIFO 182
FizzBuzz 53
　計算量を調べる 97
float 17
float('inf') 214
for 29

G

global 41

H

heapify() 191
heappop() 191
heapqライブラリ 191

I

if 25, 26
immutable型 37
import 46

in 27
input() 61
int 17
int() 76
IPA 4
is 27
isdecimal() 67
isdir() 149
isfile() 149
is not 27

J

j 16

K

KMP法 238

L

len() 75
LIFO 180
　～キュー 183
LifoQueue 183
list 17
list() 237
listdir() 148
log 122

M

math.sqrt 80
mathモジュール 80
mutable型 37

N

$n!$ 110
ndarray() 47
N-gram 235
not 27
not in 27
NP困難問題 111
NumPy 47
n-クイーン問題 144

O

O 102
O(1) 103
$O(2^n)$ 103
$O(\log n)$ 103, 122
$O(n!)$ 103
　～のアルゴリズム 109
$O(n)$ 102, 103
$O(n^2)$ 102, 103
$O(n^3)$ 102, 103
$O(n \log n)$ 103
or 27
OR演算 77
os.access() 149
OSPF 228
osモジュール 148

P

P≠NP予想 111
PEP-8 19
pip 85
pop() 181
print() 54
py.exe 259
pyenv 260
python 8
Python 3
　2系と3系 7
　インストール 252
　インストールがエラーになった場合 262
　インデント 10, 26
　コーディング規約 19
　コメント 12
　実行 8
　スクリプトファイルへの保存 11
　対話モード 9
　データ型 17
　特徴 7
　長い行の記述方法 28
　～の処理系 252
　バージョンの確認 8, 257
　パッケージのインストールと削除 261
　文字コード 12
　～をAnacondaでインストール 253

Q

Queue 183
Queue.get() 183
Queue.put() 183
queueモジュール 182

R

range 17, 29
range() 30, 54, 115
return 34

S

self 44
set 17, 37
SimpleQueue 183
sort() 203
Spyder 10, 255
str 17
str() 64
SymPy 85, 261
sys.exit() 68
sysモジュール 68

T

True 27
tuple 17
type() 17

W

while 31

X

XOR演算 77

あ

値渡し 35
後入れ先出し 180
アルゴリズム ii, 94
　計算量 96

学び方 iii
良い〜 94
安定ソート 204

い

行きがけ順 125
Pythonで実装 128
インスタンス 42
インタプリタ 5
コンパイラとの比較 6
インデント 10, 26

え

枝 125, 210
枝刈り 161
エッジ 125
エラトステネスの篩 83
エンキュー 182
エンクロージングスコープ変数 37
演算子の優先順位 27, 28
演算の優先順位 14

お

黄金比 88
オーダー記法 102
オーダーの比較 103
お釣りの計算 59, 60
不適切な入力に対応 67
リストとループによるシンプルな実装 64
オブジェクト 42
オブジェクト指向 41

か

階乗のアルゴリズム 109
帰りがけ順 125
Pythonで実装 129
返り値 34
掛け算 14
計算量を調べる 98
型 17
型変換 24, 61
カプセル化 42, 45
仮引数 35
関数 30
〜の作成 34

き

機械語 2
木構造 125
〜での探索 124
基数 70
〜を指定して変換できる関数 73
基底クラス 44
逆ポーランド記法 242, 243
Pythonで実装 244
キャスト 61
キュー 181
Pythonで実装 182

く

クイックソート 197
Pythonで実装 198
〜の計算量 201
空間計算量 96
クラス 17, 42
クラスNP 111
クラスP 108
グラフ 210
繰り返し 29
グローバル変数 37

け

計算量 96, 97
FizzBuzzの〜 97
掛け算の〜 98
体積を求める〜 100
データ構造による違い 104
〜を比較する 102
計算量クラス 108
継承 44

こ

交換ソート 175
後置記法 242
コスト 208
コメント 12
コンストラクタ 44
コンパイラ 4
インタプリタとの比較 6

さ

最悪時間計算量 103
再帰 88
最大公約数を求める 246
最短経路問題 208
グラフで考える 210
経路の数を求める問題 210
経路をすべて調べる 209
頂点に注目して最短経路を探す 219
辺の重みに注目する 213
無駄な経路をできるだけ探索しない 229
先入れ先出し 182
参照渡し 35, 36
算法 ii

し

シーケンス型 17
時間計算量 96, 97
辞書 91
辞書型 17, 37
指数 108, 122
指数関数時間のアルゴリズム 109
四則演算 14
実引数 35
シフト演算 78
集合型 17, 37
巡回セールスマン問題 110
循環小数 15
条件分岐 25
小数の計算 15
掛け算 16
整数と小数の演算 16
複素数の演算 16

す

数値型 17

スキップリスト 123
スクリプトファイル 11
スタック 180
　Pythonで実装 180
ステップ数 97

せ

節点 125, 210
漸化式 86
線形探索 115
　Pythonで実装 117
選択ソート 166
　Pythonで実装 167
　〜の計算量 169
前置記法 242

そ

挿入ソート 170
　Pythonで実装 172
　〜の計算量 173
　連結リストによる〜 174
ソースコード 2
ソート 164
　〜のアルゴリズムを学ぶ理由 165
ソートの処理速度 202
　実データでの比較 203
素数 79
　〜か調べる 80
　高速に求める 83
　〜の求め方 79

た

ダイクストラ法 219
　Pythonで実装 221
　計算量を考え、高速化する 222
　〜の注意点 228
　ヒープによる優先度付きキューを実装 223
対数 121
代入 19
　〜にあわせて演算 20
多項式時間のオーダー 108
足し算 14
タプル 22
探索 114
　フォルダ、ファイル 148
　プログラミングにおける〜 115

ち

力任せ法 236
　Boyer-Moore法との処理時間の比較 241
　Pythonで実装 236
　〜の問題点 238
中央値 201
頂点 210

て

ディストリビューション 8
データ型 17
　〜を調べる 17
テキストエディタ 13
テキストシーケンス型 17
デキュー 182
デストラクタ 44

と

動的計画法 211
通りがけ順 125
　Pythonで実装 129
図書館ソート 205

な

ナップサック問題 109
並べ替え 164

に

二分探索 119
　Pythonで実装 120
　人が使うのにも役立つ〜 123
二分探索挿入ソート 174
二分ヒープ 184

の

ノード 125

は

排他的論理和（XOR） 77
バイトシーケンス型 17
配列 21, 47
バケットソート 206
バックスラッシュ 28
バックトラック 125
パッケージ 46
ハノイの塔 145
幅優先探索 124
　Pythonで実装 126
バブルソート 175
　Pythonで実装 176
　〜の改良 177
パラメータ 34
番兵 132

ひ

ヒープ 184
　〜による優先度付きキュー 223
　〜の構成にかかる時間 186
　要素の削除 185
　要素の追加 184
ヒープソート 184
　Pythonで実装 186
　汎用的な実装 189
　ライブラリの利用 191
比較演算子 26, 27
引き算 14
引数 34
左シフト 78
左手法 137
ビット演算 77
ビット反転（NOT） 77
ピボット 197
標準出力 30
ビルトイン変数 37
ビンソート 206

ふ

フィボナッチ数列 86
　〜をプログラムで求める 88

メモ化によって処理を高速化 90
フォルダ・ファイルの探索 148
幅優先探索 151
深さ優先探索 150
深さ優先探索 125
Pythonで実装 128
複素数の演算 16
プッシュ 180
フローチャート 50, 52
～を描く 51
フローチャート記号 51
プログラミング言語 2
～の選択 2
分割統治法 197

へ

平均時間計算量 103
平均を求める 118
並行処理 201
並列処理 201
ベルマン・フォード法 213
Pythonで実装 216
コストを更新する 214
初期値として無限大を設定する 213
～の注意点 218
辺 125, 210
変数 18
～の有効範囲 37

ほ

ポーランド記法 242
ポップ 180

ま

マージソート 192
Pythonで実装 193
～の計算量 196
マンハッタン距離 231

み

右シフト 78
右手法 137
ミニマックス法 154

む

無限大 213
無向グラフ 210

め

迷路の探索 132
幅優先探索 133
深さ優先探索 135
右手法による深さ優先探索 137
メモ化 91, 211

も

文字 23
文字コード 12
モジュール 46
文字列 23
～の取得 23
～の連結 24
文字列検索・探索 235
一致する位置を前から順に探す 235
索引のない文字列から探す 235
力任せ法の問題点 238
末尾から比較し、一気にずらす 239
戻り値 34

ゆ

ユークリッドの互除法 246
Pythonで実装 247
有向グラフ 210
優先度付きキュー 223

よ

良いアルゴリズム 94
要素 20

ら

ライブラリ 252
ランダウの記号 102

り

リスト 20, 104
～から連続する要素を取得 21
条件を指定した～ 33
～の作成と要素の取得 21
～の生成 32
～のデータ構造 20
連結リストとの計算量の比較 107
リスト内包表記 32
～でのif～else 33
リンクリスト 104

る

累乗 15, 75
ループ 31

れ

連結リスト 104
削除の計算量 106
挿入の計算量 105
～でのソート 169
～による挿入ソート 174
読み取りの計算量 107
リストとの計算量の比較 107
連想配列 91

ろ

ローカル変数 37
論理演算子 27
論理型 17
論理積（AND） 77
論理否定 77
論理和（OR） 77

わ

割り算 14
～のあまり 15

著者紹介

増井敏克（ますい としかつ）

増井技術士事務所 代表。技術士（情報工学部門）。

1979年奈良県生まれ。大阪府立大学大学院修了。システムアーキテクト、テクニカルエンジニア（ネットワーク、情報セキュリティ）、その他情報処理技術者試験にも多数合格。また、ビジネス数学検定1級に合格し、公益財団法人日本数学検定協会認定トレーナーとしても活動。「ビジネス」×「数学」×「IT」を組み合わせ、コンピュータを「正しく」「効率よく」使うためのスキルアップ支援や、各種ソフトウェアの開発を行なっている。

著者に『IT用語図鑑 ビジネスで使える厳選キーワード256』『図解まるわかり セキュリティのしくみ』『もっとプログラマ脳を鍛える数学パズル アルゴリズムが脳にしみ込む70問』『プログラマ脳を鍛える数学パズル シンプルで高速なコードが書けるようになる70問』『おうちで学べるセキュリティのきほん』（翔泳社）、『基礎からのプログラミングリテラシー［コンピュータのしくみから技術書の選び方まで厳選キーワードをくらべて学ぶ！］』（技術評論社）ほか。

URL https://masuipeo.com

装丁＆本文デザイン　轟木亜紀子／阿保裕美（株式会社トップスタジオ）
DTP　株式会社トップスタジオ

Python（パイソン）ではじめるアルゴリズム入門

伝統的なアルゴリズムで学ぶ定石と計算量

2020年 1月24日 初版 第1刷発行
2021年 4月25日 初版 第4刷発行

著者　増井 敏克（ますい としかつ）
発行人　佐々木 幹夫
発行所　株式会社 翔泳社（https://www.shoeisha.co.jp）
印刷・製本　株式会社ワコープラネット

ISBN978-4-7981-6323-9　Printed in Japan

本書内容に関するお問い合わせについて

本書に関するご質問、正誤表については下記のWebサイトをご参照ください。
お電話によるお問い合わせについては、お受けしておりません。

正誤表　● https://www.shoeisha.co.jp/book/errata/
刊行物Q&A　● https://www.shoeisha.co.jp/book/qa/

インターネットをご利用でない場合は、FAXまたは郵便にて、下記にお問い合わせください。

送付先住所 〒160-0006　東京都新宿区舟町5
（株）翔泳社 愛読者サービスセンター　FAX番号：03-5362-3818

ご質問に際してのご注意

本書の対象を越えるもの、記述個所を特定されないもの、また読者固有の環境に起因するご質問等にはお答えできませんので、あらかじめご了承ください。
※本書に記載されたURL等は予告なく変更される場合があります。
※本書の出版にあたっては正確な記述につとめましたが、著者や出版社などのいずれも、本書の内容に対してなんらかの保証をするものではなく、内容やサンプルに基づくいかなる運用結果に関してもいっさいの責任を負いません。
※本書に掲載されているサンプルプログラムやスクリプト、および実行結果を記した画面イメージなどは、特定の設定に基づいた環境にて再現される一例です。
※本書に記載されている会社名、製品名はそれぞれ各社の商標および登録商標です。